UNE MÉMOIRE INFAILLIBLE

超简单的记忆魔法书

[法] 塞巴斯蒂安·马丁内斯（Sébastien Martinez） | 艾丽莎·温格（Élisa Wenger） 著
[法] 西多尼·芒让（Sidonie Mangin） 图
肖江波 译

中国人民大学出版社
·北 京·

UNE MÉMOIRE
INFAILLIBLE

译者序

《超简单的记忆魔法书》是 2016 年应中国人民大学出版社曹沁颖女士之邀开始翻译的。翻译这本记忆魔法书的过程，是既辛苦又快乐的。辛苦是因为要在繁忙的工作、生活中挤出时间，每天坚持完成一些翻译工作，有一点愚公移山的感觉；快乐一方面是源于自己对文字的喜爱，另一方面是因为作者塞巴斯蒂安·马丁内斯广阔的视野与智慧带来丰富的内容，令本书生动而有趣，也让我这个译者自身，有所收获。

抛开记忆术不谈，是什么让一个人、一件事，或是一首诗、一篇文章自然而然地留在你的记忆深处？我想一定是什么东西给你内心以深深的触动，它可能是一种真切的爱、恨或感动；一种共鸣，抑或是一种切肤之痛。

这本书为读者打开了未知世界的一扇门，使记忆术这一源自古希腊的秘笈在今天得以发扬光大：

原来记忆力是可以训练的。按照法国记忆锦标赛冠军塞巴斯蒂安·马丁内斯介绍的方法，我们可以通过尽可能地调动自己的视觉、听觉、嗅觉、味觉、触觉这五种感官人为地给要记忆的事物打上标记，也就是用这种“联觉”的方法打动自己，进而唤起那些久远的记忆，让记忆更加深刻。

记忆可以是有趣的。按照书中提到的 SEL、SAC 等方法，个性化的联想使记忆不再是枯燥的重复，而是进入一个丰富的、变幻无穷的世界。根据 SEL、SAC 方法，我们可以让自己编的故事荒诞离奇、跌宕起伏、引人入胜，从而使记忆顺理成章、水到渠成。

记忆是有顺序、有层次的。你可以将要记忆的事物有顺序地放在自己熟悉的场所（记忆宫殿），而后反复回想，强化记忆。这样记忆一些不相干的事物据说很有效呢，在世界记忆锦标赛上，很多记忆运动员都使用这种方法，你不妨也试试吧！

记忆也可以来得更复杂些。还记得小时候看过的电影《赌神》吗？那个赌牌的场面真是让人震撼、令人激动不已。世界记忆锦标赛上记忆运动员们记扑克牌的出色表现会让你觉得他们简直就是现实版的赌神。八届世界记忆锦标赛冠军得主多米尼克·奥布莱恩，只看一次，就能记住 54 盒扑克牌，每盒 52 张牌，即一次记住 2 808 张牌（仅出现 8 个小失误）。他因此被全世界的赌场禁入。按照作者介绍的“主系统”“PAO 系统”等方法，这一切都可以通过训练得以实现。当然，一般来说，如果不是特别爱好，我们并不需要达到这种境界。

良好的记忆力有益于生活。人们的日常生活是琐屑的。我们可能常常因为一时的健忘，带来令人沮丧的结果，使生活变得凌乱不堪。多少人经常浪费很多时间回想一个密码，找一份非常重要的文件，或者寻找别的什么东西……本书的记忆术从某种程度上能给那些容易健忘的人们带来帮助，会节省很多时间，让生活变得更加井然有序。

良好的记忆力也有助于学习。学习的过程有很大一部分是知识记忆的过程。作为一名高校教师，我发现很多综合能力很强的孩子却往往成绩并不理想，很重要的一个原因是记忆力不尽如人意，或者考试能力不强。我常常为之而感到深深遗憾。这本来自实际生活实践的记忆魔法书系统阐述了提升记忆力的方法，并结合作者多年的培训经验，给出了学习语言、学习文章等方面具体而高效的技巧。愿读者能够从中找到契合自己的方法。同时，我也衷心希望在这个人生起点一开始就有很大差距的时代，这本书能为那些依然相信奋斗，并愿意为理想而苦苦追求的莘莘学子助一臂之力。

肖江波

UNE MÉMOIRE
INFAILLIBLE

推荐序

路易·拿破仑·波拿巴、梯也尔、麦克马洪、格雷维、卡诺、卡西米尔-佩里埃、福尔、卢贝、法利埃、普恩加莱……在托莱多的广场上，塞巴斯蒂安·马丁内斯成功地使我们用不到 15 分钟，按时间顺序记住了法国前任总统们的名字。这是我们在系列纪录片《人类身体的超能力》所展现的，也正因为此，我们有幸见到了他。

我可以告诉你，这是个创举！就我而言，其实就像我在浴室的镜子上写一个词和我的名字连在一起，这样就不会忘记它那样简单。

所以，你可能在想，这记忆如同鱼缸里的金鱼一样，看着鱼缸，问自己为什么找不到出口，这时，塞巴斯蒂安使我有了信心。

他让我放心就像他将使你不再担心一样，因为我相信你们中的许多人都在想，你把你手中的书放在哪儿好呢！……

是的！因为我们所有人都有能力，通过专注和训练，唤醒我们大脑中的海马区。

啊！这个有名的海马区，就在这一小块大脑中，我们将试图找回我们的记忆……当我们忘记银行密码的时候，这些神经元使我们非常沮丧……这种情况十五年来从来也没有改变过……

当我们遇见塞巴斯蒂安的时候，他就像一个优秀的心理学家似的让我明白，我们都能像他一样记忆。

那一刻，我想，这就像如果乌兰登·博尔特告诉我们，我们都有能力跑步，我相信了，并学会了，毫不费力就记住了这份总统名单，尽管对于这份名单中的一些人，我甚至不知道他们的存在。

对于方法，其实没有什么神秘的。你会发现你有令人惊讶的记忆能力。

当然，你们可能像我一样，不可能有能力参加世界记忆锦标赛……但是必须承认，试图与一个使你不再忘记配偶生日的人做竞争对手是多么不明智的一件事。

如果有一天，你因陷入糟糕的记忆黑洞而担忧，告诉你，就像尼采说的，“记性不好的好处是，每次做同样的事情都可以像初次般享受。”

米切尔·西蒙斯

UNE MÉMOIRE INFAILLIBLE

目　录

UNE MÉMOIRE INFAILLIBLE

前　言

如果阿里巴巴的哥哥能记住“芝麻开门”

我们的大脑要比铝合金强大得多。因为：它是一个超人，一个什么都不能让它停下来的实体。除非出现它的敌人，缺乏专注，这是需要克服的。

“大麦开门！”卡西姆喊道，他怀里抱着山洞里的宝藏，这个山洞是他的弟弟阿里巴巴发现并给他指路的。在他面前，山洞门依然紧闭。他被关在里面了。“黑麦开门！”门纹丝不动。“小米开门！”徒然。那个让他刚刚几分钟前进入山洞的神奇咒语是什么来着？必须说出那个粮食的名字，那个他确信无疑的名字……但，是哪一个？见鬼，怎么想不起来了？卡西姆又试了几个名字，都不行。

卡西姆没有被饿死，虽然他除了黄金和珠宝没有什么别的食物。但他的命运仍然相当悲惨：四十大盗没有忘记那个我们今天称之为密码的东西，他们进入秘密山洞，一下子把他砍成了两段。唉，如果卡西姆早知道那些有效的记忆方法…… 文学故事情节将被改写。

庆幸！持本书在手的你不可能有类似的遭遇。因为，读完这本书，记忆属于你。你将不会在大门前跺脚；在信用卡终端前一脸糊涂；在一个熟悉的面孔前，无数次地迟疑：这个人叫什么名字来着？不会面对一个基本常识问题，大脑一片空白；因为不知道过交通信号灯在十字路口是向左转，还是向右转，在街道上徘徊。

最终，只要掌握方法，这一切都不会重演。但本书不是一句

“芝麻开门”这么简单。同样，我们要立即提醒你：这本书不是直接和大脑连接，也并非通过简单的咒语之力迸发出新的神经元。这既是一个好消息，也是一个坏消息。说它是坏消息，是因为需要付出一些努力。说它是好消息，是因为在你面前呈现出一个有无限潜力的自己，还因为建议你做的练习绝不会是枯燥乏味的，而是正相反。

再谈串联这种记忆方法

在记忆的技巧中，你或许熟悉“Mais ou et donc Ornicar?”①尽管这个问题被多次问及，Ornicar 却从未出现，而一代又一代的学生们总是会追问它的样子。另一方面，因为有它，我们对连词了如指掌。这正是那位明星的记忆方法，这种方法通常的名称是什么？——串联。

---

① “Mais ou et donc Ornicar?”这句话让我们同时记住了 mais，ou，et，donc，or，ni，car 这几个法语中常用的连词。——译者注（本书中带圈码的脚注均为译者注，不一一标注）

串联，是学校里讲授的唯一的记忆方法，它基于“挂在嘴边的词”的原则。通常只需要一个音节，甚至一个字母就能记起那个我们以为遗忘的词。——当然，只要这个词对于我们不是完全陌生的。首字母缩合词是取一组词的第一个字母来组建另一个发音简易的词。为了记住法国的邻国，只需记住 ISABELA：Italie（意大利）、Suisse（瑞士）、Allemagne（德国）、Belgique（比利时）、Espagne（西班牙）、Luxembourg（卢森堡）、Andorre（安道尔）（和 Monaco（摩纳哥））。HOMES 可以帮助记住北美五大湖区：Huron（休伦湖）、Ontario（安大略湖）、Michigan（密歇根湖）、Érié（伊利湖），Supérieur（苏必利尔湖）。这一原则很容易根据实际情况而变换：“Mostapha! J'attends la copie!”（莫斯塔法，我等复印件呢！）这个句子是取世界古代七大奇迹的第一个音节：**Mau**solée d'Halicarnasse（哈利卡纳索斯的摩索拉斯陵墓）、**sta**tue de Zeus *à* Olympie（奥林匹亚宙斯神像）、**pha**re d'Alexandrie（亚历山大港灯塔）、**ja**rdins suspendus de Babylone（巴比伦空中花园）、**tem**ple d'Artémis *à* Éphèse（阿尔忒弥斯神庙）、**Co**losse de Rhodes（罗得岛的太阳神巨像），**py**ramides d'Égypte

(埃及金字塔)。[①] 有兴趣的话，我们可以同样将一个句子的首字母放在一起，由列表中的第一个音节组成句子（Vous être toujours là? (你一直在吗?))。总之，串联是非常实用的，是逆推式的，也是有趣的，但作用有限。特别是，它在记忆方法的红毯上得到了过多的关注：而更容易掌握、更有效的其他方法，等待了几个世纪，终于在聚光灯下占有一席之地。

法国记忆冠军的头脑

今天，很多不为人知的方法，被我们称为记忆运动员的人在运用。记忆运动员？是的，这些人有很多，我就是其中之一。对于我而言，这一切是从2009年，也就是在我就读工程师学校三年级期间开始的。正如我们中的很多人一样，我曾深信自己无论

① 这里可以举一反三：中文可以取词或句子的第一个字重新组成一个新的熟悉的词或句子。

学什么都记不住。我“记性很差”，没什么办法，这是一个我从未克服的遗传的缺陷。那时我很消沉。有点偶然的一次机会，我在托尼·布赞①的书上读到了记忆术。首先，我试着记20个单词，我记住了5个。运用作者建议的方法，我记住了20个，没有丝毫差错。而以前我是记不住的。这样，我开始练习。我的进步惊人……

2014年，在伦敦，我第一次参加记忆锦标赛。在那之前，我遇到的都是能力不如我的人。我很有信心。但第一天刚结束，我就意识到了自己的错误。

历时很长的记忆扑克牌比赛[1]给选手们30分钟来尽最大可能记52张牌一组的扑克牌，这些扑克牌是按随机顺序排列的：王后（K），红桃2，方片J，等等。我从未做过这么长时间的练习，但我天真地想，既然我能够在两分钟内记住一组扑克牌，我会很容易在半个小时内记住8组。这是符合逻辑的，不是么？噢，不是这样的。运动员们都很清楚马拉松和短跑的准备是不同

① 托尼·布赞是英国心理学家，世界记忆锦标赛的创始人。

[1] 记忆锦标赛将在第四章详述。

的。对于智力运动员也是如此。

我高估了自己的能力。在长达几个小时全神贯注地面对数字和图案后，我精疲力竭。而且，有两三次没有我自己在家中安静状态时记忆的速度快。裁判结果是：我在 30 分钟内只记住了两组扑克牌。更糟糕的是，在记第二组扑克牌时，记颠倒了两张牌。而一个错误就会使一组牌无效。总之，这是一次惨痛的失败，成绩令人伤心。但同样也是一个很好的教训。我明白了记忆的能力还同灵感、耐力联系在一起。今后，如果要取得进步，我必须在更加严格的条件下练习。

2015 年 10 月，我成为法国记忆冠军。而正是在我的教学活动、培训和做报告的过程中，我汲取了能量。唤醒我的学生身上的沉睡的记忆先生或记忆夫人给我带来的快乐是不可估量的。看到他们因为发现以前感觉 5 分钟都无法克服的那些困难不仅简单容易且很有趣而容光焕发的脸庞，我别无所求。我无法看到你喜形于色的脸，但我知道从今以后，你会是这样。

我们的大脑是一个超人

请你试着描述一下记忆。我所说的记忆是我们不断求助的有意识的、理性的记忆，它使我们能够在这个世界上定位自己。我们中的大多数人想象大脑像一个空的容器，靠信息流来填充。有些信息如同俗话说的“左耳朵进，右耳朵出”；另一些更为强大的信息在滑进容器前，抓住边缘，并一直待在那里，直到其他信息占据那里，因为没有位置。换句话说，更多时候，我们认为记忆就是容纳事物的地方。这就是为什么我们不是那么有效率，当它充满了，就溢出来了。

说真的，记忆的机制依然是个谜。对于记忆，有很多种解释。作为记忆运动员和培训师，经验告诉我，这些将要了解的策略是非常有效的，而这些记忆术，已有几千年之久。但至今仍无人能够将理论与实践结合在一起。即便如此，有一点可以肯定：长期以来，人们谈到记忆就将它看作和容器相似，并不恰当，这正是我们要关注的。记忆实际上更像是一张突飞猛进的网。这就摒弃了封闭空间的观点：我们不是硬盘。（这是一个好消息，不是吗?）我们的大脑要比铝合金强大得多。因为：它是一个超人，一个什么都不能让它停下来的实体。除非出现它的敌人，缺乏专注，这是需要克服的。

你想象一下，一个快乐而勇敢的孩子，大笑着，在他热情创造出来的枝丫上欢快地跳跃着。这个孩子是你的动态的记忆。这是一个求知若渴的小生命；一个完全不理性的，在真实和虚幻之间徘徊的娃娃；一个开朗的、亲切的、紧张面对未知广阔世界的生命；一个和所有孩子一样，只知道在游戏中学习的生命。我们既按照本意，提供令人印象深刻的方法，同时又建立能够在恰当的时刻记住信息的“恢复标记”。普鲁斯特作品中的玛德莱娜就是一个著名的例子：“当久远的往事已了无痕迹，《追忆逝水年华》的作者写道，即使人亡物殒，唯独气味和滋味虽说更脆弱却更有生命力；虽说更虚幻却更经久不散，更忠贞不渝，它们依然对依稀往事寄托着回忆、期待和希望，它们以几乎无从辨认的蛛丝马迹，坚强不屈地支撑起整座回忆的巨厦。”[1]

本书只有一个目的：给你和这个淘气的小生命一个约会，并让你将他捧在手里。

你已经过了做这种无聊的事的年龄？不一定。而我明白意象是令人费解的。实际上，应该将记忆想象成电影，而非静止的、固定的图形。你知道为什么有些人已经懂得 5 种语言，还能掌握第 6 种？为什么他们已经很出色却还有时间做得更好？答案很简单：信息只和信息在一起，它们彼此依存。换句话说，学的越多，掌握的方法越多。如果我对你说“哈博罗内”，你无法记住这个名字。如果我更明确地说：“哈博罗内，博茨瓦纳的首都”，如果你已经熟知这个国家了，你将只记住这个城市。如果再进一步明确说：“博茨瓦纳是南非北部的国家”，你就掌握了记住这一信息必需的背景。所以，

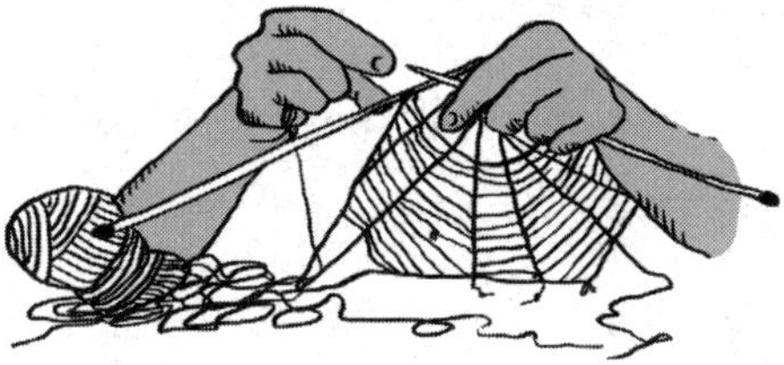

[1]　出自马赛尔·普鲁斯特的《追忆逝水年华》的第一卷“去斯万家那边”，卡里玛出版社，1913。

关键是尽可能建立更多的新的连接来“抓住”新的概念。换言之，扩建这张网，因为网越大，从一个地方去另一个地方的路越多。

挫败健忘

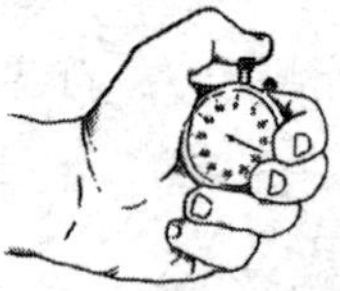

18 秒这么一小会儿时间，我们称作短期记忆。如果我们能够全神贯注的话，这就是我们记电话号码并用闪电般的速度重复背下来的时间，直到某种噪音在第 15 秒打断我们，使我们忘掉了后面的数字，这种情况任何人都避免不了。我们是健忘的机器。18 秒的时间，因人而异，可以记住 5～9 个项目、数字或词。再多，就什么都忘了。

电影编剧们没有忘记讲述记忆的波动这个主题。那么多的年轻人——年轻的孩子们、年轻的父母们或年轻的祖父母们，都记得多莉，那个可爱的蓝藻鱼，就是这个有着金子般的心的蓝色刺尾鲷科鱼多莉，因无法拥有长期记忆而令动画片[①]里尼莫的父亲马林几近崩溃。事实上，要跟一个脑袋空空的人维持一场交谈是件困难的事。我们还会想到由克里斯托弗执导的电影《记忆碎片》，电影中的英雄，莱昂纳多，当他的妻子在一次谋杀中丧生后，失去了长期记忆信息的能力。这是非常好的悬念片的素材。在莱昂纳多的眼中，从那一天开始，所有的事情都是绝对新鲜的，为了走向这个从不陌生的世界，唯一的办法是：凭借身体上的文身或拍照。保存全部信息的痕迹，每一次都是重新发现的过程。

如果我们的大脑海马区失去长期记忆信息的能力，我们都可能成为多莉或莱昂纳多。为了使信息进入长期记忆，为了使零散的枝丫聚在一起，应有两种特质：感觉和碎片。而后的时间用来巩固记忆，最终使它扎根。

长期记忆可以分成几种不同类型。下面是两种主要的类型。

首先是非陈述的记忆。几乎主要涉及的是程序记忆。你会走路，会骑自行车，并且除非是重大的神经方面的意外，你将终生都会记得。你已经看出，我们所涉及的不是这种记忆。

① 指著名动画片《海底总动员》。

我们分析探讨的是陈述性的记忆。然而，这里要指出这种记忆本身也有两种类型的感受。首先，是附带的记忆。它是那些我们能重新想起的回忆。例如，你记得 5 岁生日时收到的毛毛熊，或许同样还记得那天刚从烤箱取出的巧克力蛋糕的香气和味道。或者，更近些时，记得和你共进晚餐的那个人。这就是电影《贫民窟的百万富翁》中的英雄，那个年轻的印度人在电视知识竞赛中借助的记忆。每个问题都唤起和他自己的生活明确关联的一段回忆。因此，当主持人问电影中的英雄，贾马勒，这个在孟买贫民窟长大的孩子，100 美元钞票上是美国哪位著名的政治家的头像时，一段深情的回忆帮助了他：那一天，这张了不起的钞票让他重新见到了他的心上人，拉媞卡。记忆的艺术部分地在于第一时间运用附带的记忆来建立“人为”的回忆，将信息编码。语义的记忆，是指我们能够说出的任何内容：“我知道，但我不知道我为什么知道。”你知道巴黎是法国的首都，一张桌子是一张桌子。但你很难说出是在何种情况下学会的。这些成为你的记忆的承重墙的一部分，在重复中巩固。

用 18 秒后就化为乌有的砖，何以奠定稳固的基础？用我们谈到的感觉和碎片。通过暂时建立一些虚假的记忆来使真实的记忆扎根。而后，再后，就只有重复。不是通过机械的朗诵直至混淆，而是有意识地，仅仅几次，根据明确的规则，使得这些表述接下来让你觉得是符合逻辑的，能够进入长期记忆。一两年以后，当有人跟你说到“哈博罗内”的时候，你的眼前立刻显现出博茨瓦纳的画面，毗邻的国家——或许你是非常清晰地想起了那种情形，在那个非常确切的时刻，就在那种情形下，你读了本书这段前言：在扶手椅上，在床上，在户外，或是在公共汽车上？

我再次说明：我们这里讨论的不是一味灵丹妙药，而是一种工作方法。你不可避免地需要付出一些时间。不过，这要比你不知道这些技巧花费的时间少得多。我要教给你的，是一种工具，而不是答案。是只要你走向大门，就能打开所有大门的钥匙。这些技巧使你受益终身。你将因此再不会说：“我不能”，而或许只是有时候说：“我更愿意把时间花费在别的事情上”。话说回来，不是因为我们什么都能学会就非得都学了。但挑战自己的极限是多么快乐的一件事……最初，你在记忆术专家中无疑是不知名的：你要记住所有一切。但很快，你会意识到即使这个雄心本身并不疯狂，它也会和现实原则相冲突：人生短暂！正如我们所有人一样，你选择你真正需要的信息记忆，构成一种理性思考。没有必要将全部信息都记住。在几个关键点上全力以赴，就能创造人们所说的奇迹。请你记住，我们在任何年龄都能够建立新的神经连接，甚至新的神经元……

在这里，我们用一系列的例子来说明记忆的方法。这些都是我自己的例子。这些例子在我自己的幻想中回响。我请你按照自己的性格和学识找到适合你的。在练习过程中，你将促成的正是你自己的映像。

就像爱丽丝在树荫下睡着了，请你准备进入一个神奇的魔幻世界。你看见这个还不到三英寸的孩子，爬到你的大腿上，而你笑着把他捧在手里吗？

别管，让他去吧，一会儿见。

UNE MÉMOIRE INFAILLIBLE

第一章

给你的神经元来点刺激

打破规矩的藩篱，在想象的世界里，没有什么不可能，没有什么想不到。一切都令人难忘！从现在开始，对于你而言，世界变得太小。

为了使所有的事情有意义，这些事情还必须是前后连贯的。在讲述的思路中，每一个项目都应该唤起另一个项目。

引言

你下面要读的内容将带你进入新的情境。毕竟，人们很少有机会指出法国诺贝尔文学奖得主的身份，或是背出全世界最高峰的名单。能做难事者，容易的事便不在话下。但没有吸引力的记忆很快就会令人感到厌倦。在你看来，让你感到充实的是：购物清单，电话号码，爱情诗，你岳父母（或你公婆）家的家谱，还可以是数学公式。你将看到，这很快成为一种游戏，甚至一种习惯。即使对那些像我一样不以此为职业的人。每天都有大量的机会进行练习。

接下来找出 20 个词。这些我们都用过成千上万次的日常词汇。这些一直以来简单的、平常的、熟悉的词。

请你不用记忆术，静静地读这些词，只一次，不刻意地。因为我不想立刻打击你，我允许你从现在开始带一支铅笔，这样不会浪费不必要的时间去翻包（也不会为记住“圆珠笔，铅笔，钱袋，记事本，牙医，约会，纸巾”这样的词汇而忘了其他的词，这些词会在你的记忆中占据另一些词的位置)。

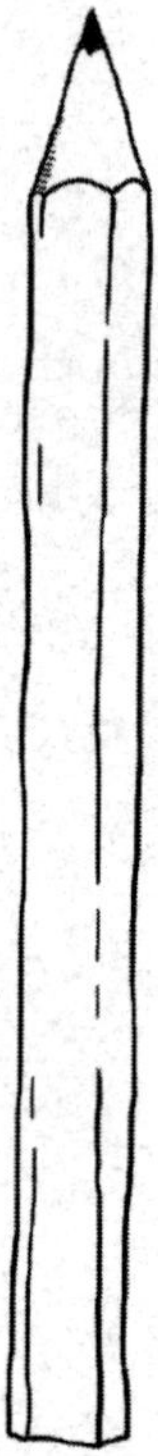

准备好了吗？开始！

猎人
面条
埃尔维斯[①]
蚕豆
秃顶
花
骰子
草
船
笼子
桶
电台
春卷
床
湖
绵羊
木工板
野营
台布
烟

不，不，请不要再读一遍。相反，在它们溜走前，请你立刻写下来。我们给你留了一小块地方：

① 指美国摇滚歌手、演员埃尔维斯·普雷斯利，人称猫王。

最后结果是？我料想你和所有人一样，记住了 5～9 个词。就像我在没有很好地运用记忆术的时候一样。这种就在嘴边却说不出来的滋味的感觉……非常令人恼火。

失败的原因很简单：你运用的是短期记忆。在自然状态下，没有人能超过这个分数。你成功了？这是因为你在不知道的情况下运用了记忆术，即便你是第一次听说“记忆术”。如果你再读一遍练习说明，你会看到我明确说明的“不刻意地”。为什么要注意这点？因为现在我要介绍的是记忆专家的一点基础知识，只是揭示自发状态下，我们都是这样做的，记住我们感兴趣的信息。如果你记住超过 9 个项目，就是你在不知道的情况下，应用了以下方法。

感觉，童真，联系（SEL）：给你的神经元来点刺激[①]？

这种短期记忆，令人沮丧，我们先将它放在一边。短期记忆在没有将电话号码写下来而拨号时非常有用（而还要问，人们在心里默默重复多少次才能记住？），但它的作用仍然很有限。我们说它是不可或缺的减压

① 感觉（Sens）、童真（Enfance）、联系（Lien），这三个法语单词的首字母组成这个缩写 SEL，而法文 SEL 是指盐、刺激、兴味、妙趣等。

室，就像游泳池边的消毒脚池。人们想要立刻就潜入大池，但是必须经过那里。

谈到记忆术，有三大类，条条大路通罗马。

第一是归类。这种方法通常很必要（对于理解），但还不够。第二是重复。这种方法的效果早已经被证明，但也令人精疲力尽。第三，是赋予一系列没有的，演绎出来的含义。

每一种记忆术都会让人受益。最理想的是将这三种记忆术相结合。可惜，我们这个社会只看重前两种记忆术。我请你将它们先放在一边（后面我们再谈），将注意力集中在第三种方法上。如果你试一下，我保证，你在 10 分钟内不仅能够熟记那给你带来困境的 20 个项目，而且能够顺背和倒背如流。

为了能够做到这些，我们需要带上一种魔法剂：SEL。

“S”表示感觉[①]

求助于五种感官。我们从第一个字母“S”开始。“S”是感

① S是法语感官（Sens）一词的第一个字母。这里取第一个字母 S 代表感觉。

觉。自然界赋予我们世界上最先进、最精确的技术来领会我们的环境，好好利用吧！

闭上眼睛，请你回想一下昨天发生的事，是什么事不重要。用片刻时间来回忆。你看到了什么？蓝色的天空，倾盆大雨，天花板上灯光的条纹？你感觉到了什么？硬邦邦的椅子，软软的沙发，蚊虫叮咬，粗糙的毛衫，一只牵着你的手？你听到了什么？小雨的滴答声，一位朋友的声音，远处的大声谈话，鸟儿的歌唱？什么味道钻进鼻孔里了？蛋糕的香味，一座老楼的发霉的味道？你想起了一种什么滋味？

这些无关紧要的记忆，从现在开始，你察觉到它的力量了么？用五种感官恢复你的打上标记的记忆，你就已经唤起记忆了。这样，我们无意间在记忆中给经历“编码”。这种能力叫作联觉，这正是我们将要促成的能力。

“E”表示童真①

你试过编故事吗？请别说没有。你还记得当你还是个孩子的

① E是法语童真（Enfance）一词的第一个字母。这里取第一个字母E代表童真。

时候，你曾经很擅长这个小游戏，这些往事并不久远……如果你忘了，请你看看身边的孩子们。请你停下来看看他们怎样通过愿望的魔法，把门变成悬崖，把勺子变成弹弓，把沙滩帽变成罗宾汉的帽子，把一平方米的地毯变成一个王国。世界因此而无限。噢，好吧，是时候再现这种奇迹了，来编故事吧。

打破规矩的藩篱，在想象的世界里，没有什么不可能，没有什么想不到。一切都令人难忘！从现在开始，对于你而言，世界变得太小。

“L”表示联系①

这一次，请你想象多米诺骨牌。为了使所有的事情有意义，这些事情还必须是前后连贯的。在讲述的思路中，每一个项目都应该唤起另一个项目。

但是，要具体看这三个技巧怎么适用。这儿有另一个清单，这一次不用立刻拿出你的铅笔，当你学会了，你将有足够的时间

① L是法语联系（Liens）一词的第一个字母。这里取第一个字母L代表联系。

恢复它，它不会立即消失。请跟我来。

公牛、脚后跟、木牌、披肩、旅行箱、吸血鬼、斗篷、矿井、松饼、蜂巢、雪、树枝、松饼、矿井、斗篷、套索、萝卜、灯塔、地毯、礼物（taureau，talon，panneau，châle，malle，vampire，cape，mine，muffin，ruche，neige，rame，muffin，mine，cape，lasso，navet，phare，tapis，cadeau）。

读完了？好。现在是时候来编一个故事了。只要这些项目能被分散在 SEL 方法中就好，不存在坏的故事。这里是我的想象。和本书中所有的练习一样，这一挑战将因为你放飞自己的想象而更容易应对。说到底，我们可以用脚做上千件事，这上千件事情都比在马路上走来走去有趣得多。

我们在你选择的路上——重要的是你用画面来体现。你准备好了吗？在那里，在你的眼前，惊讶地看到：

> **公牛**（**taureau**）穿了一双红色的高跟薄底浅口皮鞋，有点大；一只鞋子从蹄子上滑脱了，**脚后跟**（**talons**）出来挥舞着**木牌**（**panneau**）抗议（这些脚后跟很生气，因为，在这个世界上，绝对一切皆有可能）。木牌发着抖披上了一个**披肩**

(**châle**)。它拉起一点，因为披肩被一根线连在**旅行箱**(**malle**)上，赶走了一个披着大**斗篷**(**cape**)的**吸血鬼**(**vampire**)。这是一个美丽的冬日(你觉得寒冷刺痛了你的脸颊，新鲜的空气吸进肺中?)，微风轻轻地吹过。为了躲藏起来，吸血鬼掀开了他脚边的地板门，下去后发现这是一个**矿井**(**mine**)。这里面并没有煤，却有非常诱人的**松饼**(**muffin**)，是蜂蜜做的。如果我们靠近一点，就能迎面碰上在**蜂巢**(**ruche**)里制造蜂蜜的蜜蜂。这里的主人有一个神奇的配方：为了使蜂蜜变得最美味，他在蜂巢上撒上**雪花**(**neige**)。到了该取出的时候，一个巨大的**松饼**(**muffin**)用**树枝**(**rame**)敲打它。(是，因为松饼是一次性烘焙的，脱开得特别快!)完成工作后，松饼回到了他在另一座**矿井**(**mine**)的家，他和超人住在这里。超人披着**斗篷**(**cape**)等他吃饭(因为吸血鬼们都不披斗篷①)。可是那天，超人很郁闷，因为他不再是超人了。他决定改行当牛仔，而且向

① 欧洲一般是以德拉古为吸血鬼的原型，德拉古是伯爵，有被赐予的贵族礼服。

松饼展示了他的新**套索**（lasso）。因为还在训练阶段，他没有套住小牛，却套住了一些巨大的**萝卜**（navet）。这些萝卜长在被**灯塔**（phare）照亮的地方，像布列塔尼海岸那样的地方。灯塔的守卫是一块**地毯**（tapis），正忙着为圣诞节包装**礼物**（cadeau）。

谢谢你能跟随我到现在——我理解你有点困惑。如果你很想的话，可以深呼吸，再给我一点信任。请你再次快速地读一遍这个故事，尽可能让故事生动起来。想一想超人恼怒的神情，烦恼不堪：所有这些责任对单独一个人来说太多了！让松饼甜蜜的香味钻进你的鼻孔。在灯塔耀眼的光芒下转过双眼。所有这些都按顺序来。准备好了吗？闭上你的眼睛，重复一遍这个故事，然后拿出你的铅笔。这次该你了：

那倒过来呢？

我想是喝彩的时候了。谢谢你给我的信任。以后你会发现，你不仅能记住一个毫无意义的随意的词汇列表，而且还有一系列的数字：圆周率小数点后靠前的数字。我们可以在适当的时候在记忆中再现。来，让我们一起潜入长期记忆的辽阔的水域中。

太阳系的行星

太阳，水星，金星，地球，火星，木星，土星，天王星，海王星（Soleil，Mercure，Vénus，Terre，Mars，Jupiter，Saturne，Uranus，Neptune）。（不，点名时不缺冥王星：自 2006 年以来，国际天文联合会将其归为 5 个太阳系矮行星中，其他几个分别是谷神星、鸟神星、妊神星、阋神星——而什么也不能阻止你延长练习的时间……）

一个火球（**太阳**，Soleil，我们旅行的起点）用它的短腿奔跑，它的灼热让人恐慌。它踉跄着，膝盖很疼——这个膝盖细得像一根火柴。为了给他治疗，一名女护士跑过来为它涂了**红药水**[①]（Mercure，水星），这是个**半裸**[②]（Vénus，金星）的**漂亮女人**。但是，当我们看到她的工作服时，发现她身上很脏，遍布**泥土**[③]（地球，Terre）。因为她只是一名护士志愿者，她真正的职业是一名农妇：她在阳光明媚的广阔田野上种植巧克力棒，这种巧克力棒只在冬季结束时的每年**三月**[④]（火星，Mars）生长。狡猾的宙斯对这块田野施展了法术：当收获的时节来临，一定要穿**裙子**[⑤]（木星，Jupiter）采摘，在裙子的折痕处，我们把它翻过来，它可以朝任何方向**翻转**[⑥]（土星，Saturne）。我们将它放在一个坛子中，坛子里装着**铀**[⑦]（天王星，Uranus），这个坛子必须通过大海非常小心地运送。是**海王星**（Neptune），海洋之神，带着他的三叉戟负责运送这件事。

---

① 法文 mercurochrome 是红药水的意思，这个词的前几个字母组成 Mercure，这个词就是法语水星的意思。

② 法语半裸的漂亮女人，可以联想到维纳斯，古罗马神话中的美神，拼写与 Vénus（金星）这个词相同。

③ 法语 terre 有泥土的意思，而 Terre 是地球的意思。

④ 法语 mars 是三月的意思，而 Mars 是火星的意思。

⑤ 法语 jupe 这个词意指裙子，可以联想到 Jupiter（木星）这个词。

⑥ 这里是利用法语 çatourne 的发音和 Saturne（土星）的发音相似来记忆。

⑦ 法语 uranium 是铀的意思，可以联想到法文 Uranus（天王星）这个词。

这一练习让你觉得荒谬吗？我希望如此！但它是有效的。你是否也很难记住 1075B，一个好朋友家所在楼栋的大门密码？想象一下**齐达内**（10 号球衣）为了拯救一个婴儿，爬上**埃菲尔铁塔**（巴黎，75，巴黎市区的邮编）。7314A：1 桶石油（参考 1973 年世界石油危机）倒在吃着一块装饰有“爱”（Amour）字蛋糕的一对情侣（14 号，参考情人节）身上。这个方法可以根据你的心情，想象的场景可以是有趣的、悲伤的、浪漫的…… SEL 方法是利用你的想象力。请不要压制想象力。

然而，如何掌握更复杂的东西呢？我们会被引领着学习处理比有具体对象的列表、图片或一些数字更为复杂的资料。事实上，SEL 方法局限于用我们的五种感官能够容易感受的范围。我们现在去看看如何达到一个高级阶段：或者为什么一定总要在 SAC 方法中用到 SEL 方法。

UNE MÉMOIRE INFAILLIBLE

第二章

记忆术的三个阶段

尽可能地唤起五种官能，联觉，唤起你的情感。在衔接的时候，要花点时间去感受，去看，去听，去品味你创建的精彩故事的全部细节……

通过编故事，我们唤起自己的情景记忆。它更容易进入，但不如语义记忆可靠。这就是为什么总要通过重新回忆来巩固记忆力。因此我们将强化这种人为的记忆并使之逐步成为语义记忆。

SEL 方法是记忆术的核心，是一个基本环节。它对于记忆那些我们能够叙述的具体内容尤为有效；而对于那些抽象的、概念的内容则效果甚微。

通常情况下，我们一下子想不起来的事情是有关联的（一本书的作者，一个地名，一个对不上名字的面孔——“是 d 或 t 或 c 开头，好像是这样……而后，有一个元音……或者一个辅音……最后感觉是……”）。大部分时间，我们赋予一个词的意思关联到另一个内容。不过，这种联系首先让我们觉得非常随意。如果我们从未听任何人说起过，如何能记住某人是某个建筑物的建筑师？如果我们不懂任何化学原理，何以知道一个分子和另一个分子相互影响？在此，我建议你建立一种联系，一个阐述的切入点，一种结合两种信息的方法。这种联系应唤起你所有的感官：你已经明白，这里提出的方法是一种变化，比 SEL 方法更先进，不受限制。因为这种方法使你不仅能够记住事物，还有思想、概念。

木桩上的鹦鹉

首先，请允许我强调一点。如果之前没有理解，这里阐述的记忆术将毫无用处。如果只是简单地背出辅音和元音，而没有理解是什么意思，鸟笼里珍贵的色彩鲜艳的鸟们（几乎）可以做得和我们一样好。

学习的艺术是循环的。首先理解关键部分，信息带来组织信息的方法。而后掌握细节，巩固记忆和强化理解。学习的秘诀正是这双重活动。在这两个阶段中要加上动机和立足点，我们将在第六章再次谈到。我们的大脑没有一点我们要填充的容器的特征。正如我之前所谈到的，它更像一张充满活力的网，无休止地移动。总之，是活跃的。通过建立新的连接，丰富想象，我们将展开新的图景。一切学习都可能是学习无数新事物。记忆的艺术在于建立新的途径，建立能够让我们找回没有再接触的知识的恢复标记；这些途径本身会立刻开辟出其他的道路。正因为如此，才使得这种实用的、渊远流长的记忆术非常有吸引力：它不仅是特别实用的、必不可少的，而且它符合思维的方式。

我们再来谈抽象记忆。如何将一个城市和一个国家、一个国家和一张地图、一根骨头和骨骼图、一个名字和一张面孔、一个生词和相应的法语……结合在一起？和我一同学习的大部分学生只知道一种记忆术：灌输。这是一种非常折磨人的活动。凝视一张纸，闭上眼睛，试着重复所看到的。实际上，过了一段时间，结束后又重新开始，就像我们用锤子钉钉子一样。而付出这样的努力，又多么令人厌烦。

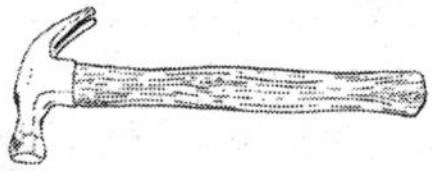

因此，现在正是你迫不及待的时刻：揭示如何对世界的首都了如指掌，记住解剖图，那些面孔和名字，学好一门外语。

耐心一点。我们从头开始。为了列出地图上的首都，还需要知道它们对应的国家，因此重要的是建立一个基本联系，一个基本的“叙事纽结”。这一知识将在 SAC 方法中进行介绍。

记忆术的三个阶段

“S”表示选择（Sélection）

不言而喻，最重要的是选择我们要建立联系的两个信息。注意，要将莫斯科和威尼斯组合在一起很可能是错误的——当然，除非你像老詹姆斯·邦德那样。不管怎样，大家都知道比萨斜塔在德国，而莫斯科在西班牙，不是？那么，谁知道明斯克是白俄罗斯的首都？你？不值得炫耀。我确信你需要思考一下。不过，我们的目标是组合两个名字就像你组合巴黎和法国那样快。所以，我决定，按照大多数的意见选择“明斯克”和“白俄罗斯”，迅速完成了组合。

“A”表示联想（Association）

为了实现这种关联，我建议你通过“记忆盐瓶”转个小弯，这样你今后就能熟悉掌握这个技巧了：重要的是使陌生的信息变得熟悉。我们可以接受你将白俄罗斯（Biélorussie）想象成一个“美丽的俄罗斯人”（belle Russe）。至于“明斯克”（Minsk），我本能地想到（最简单的是相信画面会自然地在脑海中浮现）米妮（Minnie），那个举世闻名的、戴着蝴蝶结发带的大耳朵小老鼠，被舒服地放在“一对滑雪板”（paire de skis）上——而我们也可以想象一个“正在被雪覆盖的跑道上奔跑的软面包”（pain de mie dévalant les pistes enneigées）。重要的是，赋予这些虚构的角色以生命，通过借助五种官能，尽最大可能确切地表示出来。

“C”表示衔接（Connexion）

一旦我们安排好这些不同的要素，就可以开始练习在两个虚构的角色之间创建故事（无论什么，通过你飞驰的想象，虚构出的想象的实体，我称之为“角色”），正如我们之前学习的。假设米妮飞奔在速滑坡道上，在完成行程时遇到一个美丽的俄罗斯女子，她正在安静地日光浴。别忘了，还有细雪的抚摸（天气好极了，雪下了一整夜），寒冷刺痛了鼻子，山峦柔和寂静，当然也别忘了她的脸上散发的莫诺伊香油的味道，还有那些赶过来为自己的顾客助威的服务员的呼喊。

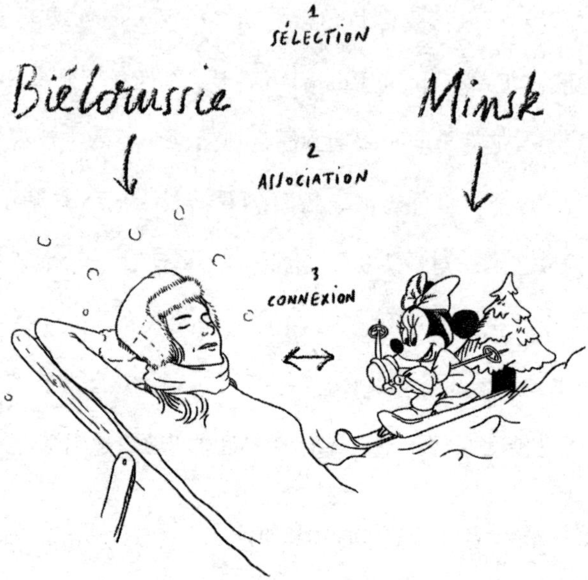

SAC 方法可以这样直观地表示：

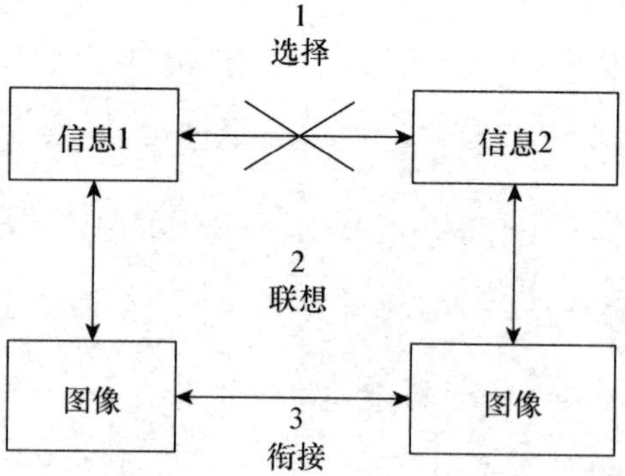

记住世界各国的首都

顺着这个思路往下走。有谁能肯定地打出悉尼（Sidney）是澳大利亚的首都？又有谁能在自己手机上具体地打出这个名字？毫无疑问地会拼写错误。哪个城市这件事是如此重要，不然为何它总是被广为流传。谁会认为一个没有任何海岸线的国家朝向黑海？一个始终不知道自己所在大陆的那些国家的首都的人，是否曾有人担心他的心智健康？如果只是作为博学的猴子，那么这一切都不重要。实际上，不仅是满足，不仅是不需要任何电子终端来阅读报刊，无论过去还是现在，地理知识的掌握都是向世界敞开一扇门。常言道：智者指月亮，愚者却看其手指。智者放眼生机勃勃的世界，而那些不了解记忆术者为了不中断思路却只能猛按智能手机——但为时已晚。

据联合国（你很快就会说出记忆中的联合国秘书长）统计，世界上确认有 197 个国家。我们这里从最简单的开始，集中在欧洲国家。而后，由你建立自己的衔接。一旦掌握了技术方法，就没有什么比这更简单的了。

阿尔巴尼亚——地拉那

闭上眼睛想一会儿。你立刻会将什么和阿尔巴尼亚（Albanie）联系在一起？Un bagnard（一个苦役犯）？Un albinos（一个白化病患者）？或者对于熟悉意大利文化的人，会想到“Al bagno”①？抑或想到你的朋友 Alban？或者，不是语音的，而是语义的，（对于那些熟悉情况却不知道国家名字特别的人们）会联想到巴尔干半岛？用双头鹰装饰的国旗？联想到作家伊斯梅尔·卡达莱？

至于地拉那（Tirana）：请你像我一样想象一下，会联想到 piranha（食人鱼）？或者 tyran（暴君）？

我们进入第三阶段：衔接。这里浮现出下列情景：在美国西部的一个城市，一个苦役犯，在讨厌的矿井中穿着他应该穿的条纹服装，戴着脚镣，向前迈步（你听到抬起的脚镣拍打泥土的声音了吗?）。后面，有一个酒吧（就我而言，我立即会看到幸运的卢克的小木棍，幸运的卢克伴我度过了那么多的童年的午后时

① Al bagno 是意大利的一个小镇。

光）。突然，一条食人鱼从下水道口钻了出来（糟糕，太不合时宜了），把囚犯吓得大喊大叫。他的脸陡然怒了：瞪着眼睛，嘴咧到耳朵。你看到了吗？你听到了吗？

我们来记芬兰（Finlande）这个国家。我们可以想象国家的边界（la fin d′un “land”（一块地的尽头））或一位吐舌头的小女孩（une fille qui tire la langue）。若不然你更愿意说是一根线系到荒地的松树上[①]？Helsinki（赫尔辛基）：一个魔鬼在水槽底挣扎（联想到英文“hell”和“sink”），或者“elle，c′est qui?”（“她是谁”）。

还要设想一个生动的小场景：两个男子看着一个正在赌气的小姑娘，小姑娘向他们吐舌头；其中一个男子问自己的同伴：“她是谁?”（那些走完记忆长廊的人法语说得不是很好，这里的情况便是如此。）

现在，列支敦士登（Liechtenstein）：例如，会想到 litchi（荔枝）？而其首都瓦杜兹（Vaduz）可以联想到：“Va doucement!”（慢慢来!）假设有一个饥饿的孩子猛剥荔枝。“慢慢来!”后面的父亲训斥道。你闻到果糖的味道了吗？你看到一个和蔼的、皱着

① un fil attachant les pins des Landes.

眉头的父亲却担心儿子太贪吃了吗？

别着急。在你的脑海中会出现这个短剧。若我向你说“芬兰”……而且加上这个标志：舌头……女孩……有了吗？还有白俄罗斯、列支敦士登？

一些障碍

每一阶段都很重要；要一步一步循序渐进。下面是三个最常见的主要的失败的原因。

面对国家名字，没有任何标志出现。你无法将之与画面联系在一起。你放心，加强练习，构思会出现的。

国家的名字会让你想到什么事物。对于你而言，芬兰（Finlande）和马德里（Finistère）没有任何关系，但很奇怪，你会想起一位小学同学来自这个遥远的异国。好消息！尤其是，你没按我所说的，自发地抓住这个例子：这更适合你。

你记得联想，但没有编故事。换句话说，你想象出米妮或年轻的俄罗斯女子，但你没能真正地将这些尽可能地虚构在一起。其实，我理解你，这是不言而喻的。解决方法是：尽可能地唤起五种官能，联觉，唤起你的情感。在衔接的时候，要花点时间去感受，去看，去听，去品味你创建的精彩故事的全部细节……如果你能找到具有这种探索精神的同伴，你也可以组成一个小组来虚构故事以分享乐趣。在我的培训中，我发现这样显得更有效率。几个人一起合作会激发想象。

练习 1

轮到你来进行练习了。用你的秒表定时 3 分钟，在给定时间内结束，即使你没有完成。

下面有 6 对国家和首都。对于其中的每一对，我建议你尽可能地发挥想象。你一个人编故事。很显然，如果你已经知道相关国家的首都，请你进行下一对。

马其顿（Macédoine）：什锦蔬菜（une macédoine de légumes）；斯科普里（Skopje）：脚踩在桶中（des pieds dans un seau）。轮到你创建一个故事了。

罗马尼亚（Roumanie）：一个车轮（une roue）；布加勒斯特（Bucarest）：一个设法停下来的瓶子（un bocal qui se faitarrêter）。停止。

保加利亚（Bulgarie）：推土机（un bulldozer）；索菲亚（Sofia)：我的朋友苏菲（Sophie）或桶（seau）。

克罗地亚（Croatie）：乌鸦（un corbeau）；萨格勒布（Zagreb）：马格里布的一顿饭（un repas du Maghreb）（古斯古斯?）。

黑山（Monténégro）：小丑的大鼻子（un gros nez de clown）；波德戈里察（Podgorica）：一只听 iPod 的大猩猩（un gorille qui écoute un iPod）。

瑞典（Suède）：一间桑拿浴室（un sauna）；斯德哥尔摩（Stockholm）：福尔摩斯霍姆斯的股票（un stock de Sherlock Holmes）。

3 分钟结束了？请你遮住列表，找到这 6 个国家的首都：保加利亚、马其顿、克罗地亚、瑞典、黑山、罗马尼亚。

这太容易了？当然。我也这样认为。那就让我们进入高级水平的训练。给定时间是相同的。但是这次你要进行联想和找到叙述的衔接。对于一些国家你可能没有任何灵感。不要让一个国家难住，而是进行下一个。从最简单的开始。想象力的练习，就像肌肉一样，稍加练习，人物和衔接会自然出现。

马耳他（Malte）；瓦莱塔（La Valette）

摩尔多瓦（Moldavie）；基希讷乌（Chisinau）

斯洛伐克（Slovaquie）；布拉迪斯拉发（Bratislava）

拉脱维亚（Lettonie）；里加（Riga）

立陶宛（Lituanie）；维尔纽斯（Vilnius）

爱沙尼亚（Estonie）；塔林（Tallinn）

瑞士（Suisse）；伯尔尼（Berne）

3分钟过去了。如果我说马耳他、立陶宛、斯洛伐克、爱沙尼亚、拉脱维亚、摩尔多瓦、瑞士……你会想起来吗？

给自己一点时间复习，来立刻恢复这些联想。注意，不要重读：这是在浪费时间。

哪个城市是阿尔巴尼亚的首都？标志：幸运的卢克。

是的，犯人，太阳晒下来，汗水……他做什么？他向前迈步……会发生什么?

请你只看首都或国家。然后再找到联想，接着是故事，另一个联想和最后所需的信息。每一次最重要的是你需要花些时间来重新恢复情景。

为什么这种方法可行

记忆有两种主要类型，短期的和长期的。花些时间想象，借助联觉，用这种能力唤起我们的五种官能，我们将一个信息传递给另一个信息。更具体地讲，它不只有一种长期记忆。这里我们感兴趣的是语义记忆（我不知道为什么，但无须思考，我知道巴黎是法国的首都）和能够触及我们内心回忆的情景记忆。我们这里涉及的正是这种记忆。通过编故事，我们唤起自己的情景记忆。它更容易进入，但不如语义记忆可靠。这就是为什么总要通过重新回忆来巩固记忆力。因此我们将强化这种人为的记忆并使之逐步成为语义记忆。当你无须思索，一边洗碗一边自问自答，记者谈到阿尔巴尼亚，问道："地拉那那件事发生了多久?"这都是因为有幸运的卢克！

学习一门外语

说心里话：我以前英语很差，但同时我们说学习这门语言是必要的，且容易掌握。我发现一种极度的不公平：外语仙子对我没有任何眷顾。就这样，我没有我同学的"天赋"。为了能够通过，我必须背水一战。在赴印度学习生活一年之前，我要获得英语水平证书 TOEIC。我只有三个月的时间。三个月每天背诵词汇以及日常生活都尽可能用英语。三个月的灌输。这种方法有用，但付出巨大的牺牲，完全没有乐趣且效率不高。这种方法我不建议你使用。

学习一门语言必须掌握什么？声音，是我们听的能力和模仿的能力；语法规则和动词变位；最后，是词汇。为了获得第一种能力，重复和模仿是不可避免的。对于语言的结构和词汇，我们当然必须明白。然后记住这些——这正是 SAC 记忆术的可贵之处。

你要投入的时间取决于你的目标。是准备一次旅行，会向路人问路还是购物议价？或者你想用相关语言阅读和写作？

在大部分情形下（约 80%）常用词汇量为 1 000 个。你会看到，拥有这些词汇是轻而易举的事。按照每天 30 分钟，每个月 25 天计算，我们说，3 个月就可以搞定。

如何将 SAC 方法应用到词汇中？嗯，就像其他功课一样，事先需要一个固定的关联，关键是首先赋予它们没有的含义。

我们怎么用英语说“思考”，就是考虑的意思？To mull。你看我是怎么做的。

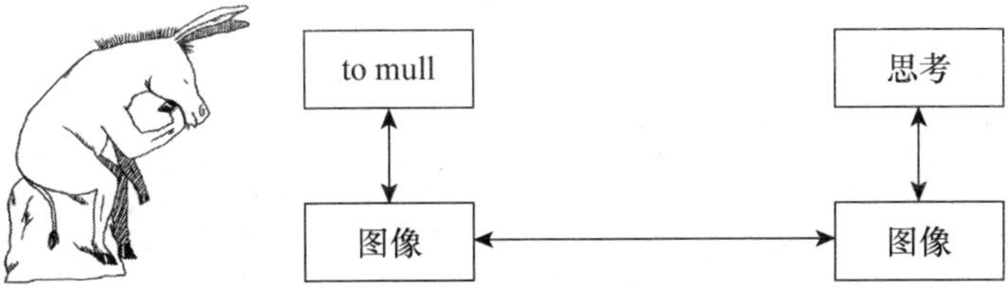

练习 2

新的 3 分钟练习，准备好手表。这里是 7 个英文单词的列表，以及联想的建议。如果你接受，你的任务是：按照你的选择，通过编故事（衔接），尽可能多地记住这些词。像往常一样，毫不犹豫地抛弃我的建议，以便你有自发的联想。例如，一株小草生长在一个胶状的大脑上……

A brain（大脑）：un brin d'herbe（一株小草）；cerveau（大脑）：黏糊糊的大脑。

A falter（一个踉跄）：de faux haltères de musculation（假哑铃健身）；摇晃或踉跄：一个要跌倒的人。

To harness（利用）：harnais（鞍辔）；exploiter ou harnacher（利用或上鞍辔）：一个回归土地的农民。

To allot（分派）：“allo !”（喂!）；attribuer（给予）：une tribu indienne qui reçoit un present（一个印第安部落收到一份礼物）。

A burden（负担）：burin（凿子）；fardeau（负担）：un drapeau très lourd！（一面沉重的旗帜）。

To avail（有益于）：“ Ave Cesar”（凯撒大道）；profiter（有益）：des profiteroles（泡芙）。

A mole(鼹鼠）：clé *à* molette（扳手）；une taupe（鼹鼠）：动物（对于爱好者来说，可能是兹特尼克·米勒尔[①]的鼹鼠?）

A crux：十字架；要害通道：通往各处的关键。

3 分钟没能逃脱其残酷的命运：3 分钟时间消逝了。不必重读你虚构的故事，重新找出下列单词的法语翻译：

A falter，a crux，a mole，to allot，a brain，to harness，a burden 和 to avail。

我好心地放宽时间限制，现在给你 5 分钟的时间。这次是记忆你想学的 10 个词。在我进行记忆培训时，5 分钟内，新同学能

① 指捷克艺术家兹特尼克·米勒尔创作的卡通片《鼹鼠的故事》。

够记住 2～8 个新词。稍加练习，你很快就能记住 10～30 个词。

这一方法应用到学习词汇上的优势是它自然地和情境相联系。一个单词在其他的语言中有多个相近的词，这是最常见的情形，图像可以细化。例如，“to mull”并不只意味着“想”，而是积极地思考。图像（一头被抓的骡子[1]努力地思考）可以自发地阐明语境。同样地，单词“crux”意味着“纽结”（noeud），要害通道。它是登山者广泛使用的一个术语。事实上，在攀登时，总有一个“关键”的通道最为困难。为了记住联想，不与航海中的“节”[2] 混淆，要想象在悬崖上钉了一个十字架，为了渡过难关，

① 法语 mule 是骡子的意思，法文 mule 和英文 mull 拼写相近。

② 法语“noeud”还表示“节”，航速单位，等于 1 海里/小时。

登山者在其周围用他们的绳子打个结。

成为能够驾驭重大考试的人

有什么更好的机会可以在朋友面前或在社会上很多“追根究底”（Trivial Pursuit）游戏中表现出众吗？这要追问发明这个游戏是不是只有这一个目的。但请注意，它的另一个作用常被忽略：如果你使用SAC方法，你可能再也找不到对手。没人愿意跟你玩，除非所有人都和你一组……

地理问题：“幼发拉底河流入哪里？”答案：“波斯湾。”

我们来运用SAC方法。

第一步：选择要连接的信息。这非常简单：幼发拉底河和波斯湾。

第二步：联想。对于幼发拉底河（Euphrate），我的建议是鸡蛋[①]（oeuf）。对于波斯湾（le golfe Persique），可联想一只波斯

① 法语Euphrate（幼发拉底河）和oeuf（鸡蛋）发音相似。

猫（un chat persan）在打高尔夫球（golf）。

第三个也是最后一个阶段：衔接。假设一只波斯猫用煮鸡蛋打高尔夫球。

文学的问题："谁是《阿尔弗雷德·希区柯克》（Alfred Hitchcock）这本书的作者？"答："弗朗索瓦·特吕弗（François Truffaut）。"

选择：希区柯克（Hitchcock）和特吕弗（Truffaut）。

联想：希区柯克（Hitchcock），想象一只潇洒的公鸡（un coq chic），对于电影爱好者，想象成鸟儿或一扇窗；特吕弗（Truffaut）：松露（truffe），让-皮埃尔·利奥德在电影《四百击》[①] 中的一吻或那张坚定的脸。

衔接：我们的鸟儿，在大屠杀后平静下来（那些没有看过这部电影的人可以借机看看这一杰作！），在窗边品尝松露……

作为难不倒的方法，我们当然应将此原则应用到所有纸牌游戏中。为此，你需要多次巩固你的图像（见第六章）。按照每天大约 10 个问题的速度，你很快就会成为沙龙里的"霸主"。如

① 电影《四百击》由特吕弗执导。

果你对这个想法并没有特别的热情（每个人都有自己的圣杯），那么要知道这个练习对于强化你的知识是有效的。你也想让你的表妹看到你的成功……没人会指责你作弊。

这种方法对于数量有限的问题极其有效。但是，如果你要面对很长时间的考试（QCM）（例如，医学考试），你将不得不使用其他的技术。关于这一点，下一章见……

你现在熟悉两种基本方法：能够让你记住具体物品清单的SEL方法和向抽象思维开放的SAC方法。你当然可以混合运用这两种技术，我们将看到这一点。在此之前，我建议你回到记忆艺术的悠久历史中，那里有最古老、最精彩的记忆技术。请你准备好成为实实在在的记忆宫殿的建筑师。

UNE MÉMOIRE INFAILLIBLE

第三章

欢迎进入记忆宫殿

场所方法对于记住长长的清单是最有效率的。这也是记忆冠军最常用的策略。对于我来说，已经有十个标记的地方，每个都包含有一百次停顿，算起来应有上千个不同的信息的存储容量。而随着练习的深入，这个数字也会增加。

现在，一次简单的鼠标点击通常就可以重新找到信息，预示着我们运用记忆术将掌握更多。从前却并非如此。在发明印刷术和文字可复印之前，我们不得不完全依赖于自己的资源。当我们在希腊公民代表前，在集会上辩论时，如何能记住长篇演讲？

我的课程中有很多古老的凭据，其中大部分长期不为人知。

传说，公元前 6 世纪，在一个宴会上，演奏正在进行。希腊抒情诗人西莫尼德斯（据说是“蜜舌男人”，其诗歌大部分已经失传）在色萨利的一个贵族斯科帕斯家唱赞美诗时，被两个人叫到外面去。这时屋顶坍塌，压死了所有宾客。他们面目全非，无法辨认，亲属无法认领。西莫尼德斯通过重构所有座次图辨认尸体。每个座位都和一个人联系在一起；通过再现他起身离席前的场景，他成功地辨认出那些尸体。“这些场所就是书写蜡版；图像是刻在蜡版上的字母”，哲学家西塞罗在讲述这个故事时总结道。

这样逐渐产生了最初的记忆术。它也是雄辩术的组成部分之一，这一基本训练，哲学的前身和对手（苏格拉底一直反对诡辩者，他指责他们为了辩术而忽视真理），我们将之定义成说服术。在那个书写很少、思想主要靠口述传播的时代，记忆技巧和演讲的组织是最重要的。法语保留了这段历史的痕迹，我们不是常说“en premier et en second lieu”[①] 么？

记忆宫殿，场所记忆，罗马房间，轨迹记忆，记忆路线，等等，相当多的名称被用来描述同一方法。如实地建立在视觉印象的基础上，这种方法对于记忆长清单尤为有效。这就是绝大多数记忆运动员使用的方法，特别是在记忆锦标赛中。其原理很简单：通过运用一个熟悉的场所，在这个场所里部署信息来建立“人工记忆”。该项目之间的关系不仅是叙事的，就像 SEL 方法，还是地理布局的。我们在心里将这些“词”放在熟悉的地方，然后我们很容易就能重新找到。

想象一下，例如，埃菲尔铁塔。假设你需要记住四个词：蜡烛，糖果，云，餐巾。你在塔底下，抬眼望向天空。当你垂下双眼，一支蜡烛在你脚下。然后你走到第一层，那里有一个大大的糖果在门口等你。你爬上楼梯上到第二层。在那里，一块餐巾挂在上空，垂下来穿过防护网孔。你在第三层也是顶层完成旅程。

---

① 法语 lieu 指地点、场所。premier，指首要的、第一的；second，指次要的、第二的。en premier lieu 是首先的意思；en second lieu 是其次的意思。

在那里，浓雾弥漫，你看不清前方一米处：你此刻在一片云海里。

你已经明白这个原则了。从头开始，脚在地面上，而后出发。但在迈步之前，什么在你的脚下？蜡烛？我肯定。来吧，你可以继续。

场所记忆法完全适用于记忆我们熟悉的简单的事物。例如，运用这个方法很容易记住一个购物清单。但对于记忆那些新的信息效果会怎样呢？挑战是双重的：这涉及记住的不仅是秩序，还有它们的意义。在这种情况下，你必须将 SAC 方法和场所方法相结合。每个地点都能产生一个让人想起本身信息的场景。

所有的记忆运动员都知道，像我们希腊和罗马的祖先一样，这种方法是何等有效。遗憾的是，神经学对这些技术的研究仍相当少。其中一种前沿的解释是与人类物种的进化相关。千百年来，我们人类不得不学会认识场所，识别狩猎区和采集区；或者区分这种是可食用浆果，那种是有毒的。因此，场所方法是基于人类数百代无意识的训练，从中得出的有效性。

法国所获诺贝尔文学奖

下面两个内容之前彼此没有关联。但在本章结束时，相互联系在一起。一边，是一间房子的图纸；另一边，是法国诺贝尔文学奖名单：

Sully Prudhomme（苏利·普吕多姆，1901 年），Frédéric Mistral（弗雷德里克·米斯塔尔，1904 年），Romain Rolland（罗曼·罗兰，1915 年），Anatole France（阿纳托尔·法朗士，1921 年），Henri Bergson（亨利·柏格森，1927 年），Roger Martin du Gard（罗杰·马丁·杜伽尔，1937 年），André Gide（安德烈·纪德，1947 年），François Mauriac（弗朗索瓦·莫里亚克，1952 年），Albert Camus（阿尔贝·加缪，1957 年），Saint-John Perse

（圣·琼·佩斯，1960 年）Jean-Paul Sartre（让-保罗·萨特，1964 年），Claude Simon（克洛德·西蒙，1985 年），Gao Xingjian（高行健，2000 年），Jean-Marie Le Clézio（让-玛丽·勒克莱齐奥，2008 年），Patrick Modiano（帕特里克·莫迪亚诺，2014 年）。

让我们回到关键的主题。我建议你将诺贝尔奖储存在下面的玩具房子里。分阶段进行。首先，随我来参观访问。我是你的梦幻家园的房产代理。

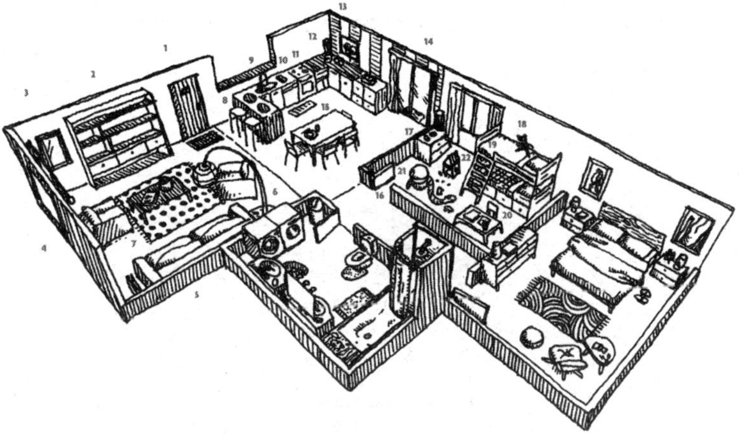

仔细观察客厅和厨房。我们的起点是门口（1），而后是左边的货架（2），镜子（3），扶手椅（4），长沙发（5），灯（6），茶几（7）。让自己闭上眼睛，使这些场所生动起来。我们去厨房。

这是一个理想的厨房：

它有一个吧台（8），对于匆忙吃完的饭菜，有一个洗涤槽（9），洗碗机（10）烤箱（11），咖啡机（12），一幅画（13），落地窗（14）（阳光，在住所中极为重要!）和一张桌子（15）。花时间很好地复述这15次停留。然后再次闭上眼睛想象这15个地点，如同你身临其境一样。

现在，你在家里。

因此，我们可以将一个场所和一个作家联系在一起。

而后一个动作会令人想起他的名字。这所房子看起来很安静，你不觉得么？放心，不会占用很长时间。跟我来。

门（1）前，有一个咆哮的男人：他刚刚被解雇，正准备将他的雇主送上劳动法庭（**prud'hommes**）。向客厅走过去，经过一个货架（2）。墙被穿透。我们感到一股强风，像密史脱拉风[1]（**mistral**），猛烈地涌入。镜子（3）里映照出一场在法网（**Roland**-Garros）球场上举行的网球赛；球员们都有点笨拙：他们装扮成古罗马（**romain**）角斗士，不可否

① 指法国南部及地中海上干寒而强烈的西北风或北风。

认，这样对于扣球不是很方便。在扶手椅（4）上，插着一面法国（**franç**ais）国旗，把皮革刺穿了，填充物露了一些出来。一个男人懒洋洋地躺在长沙发上（5）。他吃着燕麦，脸上流露出讨厌的神色。“声音太吵了！（**Beurg** le **son**）”他喊道。在他的头上，悬挂着灯罩（6），一只翠鸟（**martin-**pêcheur）在扔石头。茶几（7）上，一个男子直挺挺地躺（**gît de**）着……

我们去厨房，在吧台（8）上，放着一个盘子，散发着旺火煎的橘黄色的羊肚菌（**mori**lle）鸡蛋饼的美妙香味。在洗涤槽（9）里，孩子的卡车（**cam**ion）刚刚被清洗。洗涤剂有奇效：它变成（**mue**）了摩托车！约翰尼·卡什（**John**ny Cash）[1] 藏在洗碗机（10）里，他蜷缩着，凿（**perce**）墙壁逃脱…… 在烤箱（11）里，一个馅饼（**tarte**）正在烤着。你能闻到焦糖苹果的香味。

妮娜·西蒙（Nina **Simone**）[2] 和克劳德·诺格罗

---

① 约翰尼·卡什是美国乡村音乐创作歌手。

② 妮娜·西蒙是美国歌手、作曲家和钢琴表演家。

(**Claude** Nougaro)[1] 围着咖啡机（12）笑着唱歌。在画（13）上，我们看到阴阳（**yang**）符号在印度海滩果阿（**Goa**）升起。我们不能打开落地窗（14），因为我们遗失了钥匙（**clés**）。最后，在桌子（15）上，一些时装模型（**mode**）跳舞跳得上气不接下气。在他们旁边，一位音乐家在伴随着钢琴（**piano**）演奏唱歌。

你觉得这一切离题有点远？你不知道这些作者得过诺贝尔奖，但他们的作品你并不陌生？按顺序记住他们的名字对你来说并不重要，因为重要的只是他们的作品？当然，这些记忆术随后能够帮你组织文学知识。

而且因为他们是个性化的，因此，努力引用自己的话语，将你“说的”搬上舞台，将更加有效。如果我完全按照自己的意图建造这座宫殿，我会将咖啡机放到我的朋友西蒙旁边。因此，下面是对于那些有一定的文学知识的人住进“记忆之家”的另一种方法。

当我们打开这间小屋的门（1），压碎了碎玻璃：这是一

① 克劳德·诺格罗是法国作曲家。

个破裂的花瓶（《破裂的花瓶》）。脚步蹒跚地来到客厅，经过一个货架（2），货架上出现米雷耶①（Mireille）（马蒂厄或阿赫图）（Mathieu 或 Hartuch）的面孔。镜子（3）里映照出无套裤汉入侵的一幕（《革命戏剧集》）。扶手椅上（4）插着美丽的红百合（《红百合》）；填充物露了一些出来。长沙发（5）上，一个男人在放声大笑（《笑的研究》）。在他上方，蒂博（《蒂博一家》）在修灯（6）。茶几（7）上，一个男人平躺着，吃着人间美味，吃的满手都是（《人间食粮》）。来到厨房。吧台上，一些扭在一起的蛇相互攻击（《蛇结》）。在洗涤槽（9）里，一个小人斜向他妈妈的尸体，在阿尔及尔（《局外人》）的阳光下，面无表情。在洗碗机（10）的水中，一个海标在远处升起来使得杯子在洗涤水上漂浮（《海标》）。在烤箱（11）的烘烤板上，一位孕妇挺着肚子，突然一阵恶心（《恶心》）。倒在咖啡机（12）旁边的咖啡渣里，长出一棵大刺槐树（《刺槐树》）。画（13）上描绘出一座宁静的山（《灵山》）。在落地窗后，一个小男孩蓬头垢面，有

① 米雷耶是法国著名歌手。

点失落地望着房子里的一切（《梦多》）。最后，在桌子（15）上，一个十五六岁的小女孩，身高约10厘米，走进一个40年代的、巴黎式的黑白布景（《多哈·布慧德》）。

我故意将这些有一定含义的图景混在一起（人物和情景由这些诺贝尔奖获得者的作品上演），并且用望文生义的文字，荒谬地描绘出这些作品的题目。为了确保这些信息进入长期记忆，只需将它们和我们熟悉的东西联系在一起，无论什么。记忆补丁会逐渐消失。这样（我们希望如此）能够印象深刻地、令人难忘地记住一部独特的作品……

在第一个和第二个例子中，没什么能阻止你将这些图景混合在一起。闭上你的眼睛，沿着你列表上的路线出发。如果你有困难，图像会帮到你。这是轻而易举的事。若下次有位法国作家赢得了诺贝尔奖，只需进入房子中尚未开发的角落里……

世界上最高的山峰

阿空加瓜山（Aconcagua），乞力马扎罗山（Kilimandjaro），

厄尔布鲁士山（Elbrouz），珠穆朗玛峰（Everest）……这些遥远的声音让人想起世界的尽头，虚幻的地带；如此多的承诺，在天空掠过。正是这些令人浮想联翩的名字，有如此的威力，令人觉得是从梦境走出。孩子的房间对于想象、攀登世界高峰是多么好的地方！

所以我们回到玩具屋，让诺贝尔奖得主在客厅里安静地交谈。现在，我们是在孩子的房间里。

你看到门（16），柜子上的餐具（17），床上（18）的毛绒玩具，梯子（19），小书桌（20），那个看起来像吸尘器（21）的玩具和小房子（22）了吗？

这些都可以改编成世界高峰。

我按字母顺序列出七大洲最高峰的名字（非洲，北美洲，南美洲，南极洲，亚洲，欧洲，大洋洲）。

我把它们安排在孩子的房间里。我们沿着这条路线出发吧。

在门口，一个杏仁（am**ande**）把门（16）弄得发痒（**guilis**），它笑弯了腰（这是一扇没有锁的门：只能用轻轻挠痒痒的方式将它打开）（Kilimandjaro，乞力马扎罗山[①]，5 892米）。一个小家伙正在用微型塑料餐具准备晚餐（**dîn**er）（17）（Denali，德纳利山[②]，6 190 米）：令人难以置信的是，他是阿里（**Ali**）巴巴！一条蟒（**anaconda**）（Aconcagua，阿空加瓜，6 962 米）蛇袭击了在床（18）上的毛绒玩具，毛绒玩具吓得发抖。同时，一只有着又大又滑的尾巴的小水貂（**vison**），爬上梯子的横档（19），以最快的速度逃命，以避免成为貂皮（**vison**）（le Vinson，文森峰[③]，4 892 米）大衣。小书桌（20）就像梦幻中那样，变成一座冲向云端的雪山（**montagne enneigée**）：海拔 8 848 米的珠穆朗玛峰，我们大家都知道……另外，那个看起来像吸尘器（21）的玩具，其实不是。这是一台吃地毯的机器。它吃呀，吃（**Elle broute, elle broute**）（Elbrouz，厄尔布鲁士[④]，5 642 米）！至于那个小房子（22），它的屋顶被铅笔尖（**poin**te de **cra**yon）刺穿，

① 乞力马扎罗山，非洲最高峰。
② 德纳利山，北美最高峰。
③ 文森峰，南极洲最高峰。
④ 厄尔布鲁士峰，欧洲最高峰。

喷出（**jailli**t）一种墨，溅满了小房子（Puncak Jaya，查亚峰[①]，4 884 米）。

花点时间，在心里默默地重新走过房间，寻找被忘掉的山峰。

记住相同类型的信息，不止一种策略。下面是记住相同的列表内容的另一种方式。我们可以认为孩子的房间是不必要的：毕竟，山峦起伏不是有自己的自然的记忆宫殿——地球么？还是要开辟出我们选择的路：巅峰之路。如果我们采用以我们所在的欧洲为中心的方法，就像大多数地图那样，欧洲恰好处在世界中心，我建议你在心里画一个 S，从北美洲开始，下到南美洲和南极洲，然后向上到非洲和欧洲，转弯前往东方的亚洲，在南方的大洋洲完成你的想象之旅。

这些联想不同于房间的联想，因此应该按照背景回顾。而练习很简单。

所以，从北美开始，阿里巴巴（**Ali** Baba）的晚餐（**dîne**）（Denali，德纳利）是靠吃冰块来维持体力（他没什么胃口，阿

① 查亚峰，大洋洲最高峰。

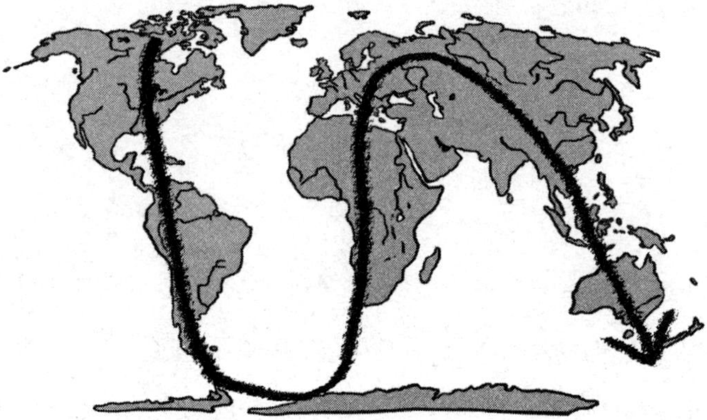

拉斯加给那些不会狩猎和钓鱼的人提供的选择很少)。在南美洲，一条来自中美洲的长蟒（**anaconda**）(Aconcagua，阿空加瓜山）滚下大陆，一直滚到南极洲，跌破了鼻子；它其实是在追赶在企鹅的领地里开辟出一条路的水貂（**vison**）(le Vinson，文森峰）。在非洲，猴面包树因为你的想象力被施展了魔法，杏仁怕痒（**amandes chatouilleuses**）(Kilimandjaro，乞力马扎罗）。在欧洲……但我让你继续，因为没有什么比在记忆宫殿里自己建立路线更好的了。而且，事实上，没有什么记忆宫殿会像你自己建造的那样珍贵。你很快就会看到如何做到这一点。

联合国秘书长

现在你已经有经验了，我建议你进行一次高级练习。目标：记住联合国秘书长的名单。等一下，吸气，呼气……前进！

特里格韦·赖伊（Trygve Lie），达格·哈马舍尔德（Dag Hammarskjöld），吴丹（U Thant），库尔特·瓦尔德海姆（Kurt Waldheim），哈维尔·佩雷斯·德奎利亚尔（Javier Pérez de Cuéllar），布特罗斯·布特罗斯-加利（Boutros Boutros-Ghali），科菲·安南（Kofi Annan），潘基文（Ban Ki-moon）。

这些名字似乎非常难记，特别是对于从来没有听说过这些名字的人。对于那些早期的秘书长很可能就是这种情况。其实，我们在运用这种技术找回这些记忆之前同样应该很快熟悉它们——记忆术只是提供及时的帮助，它们是用来找回那些我们已经沉没的信息。这是最后一间房间，父母的房间，轮到你安排记忆宫殿了。为了帮助你，我建议你联想。而由你来选择作为恢复标记的房间里的内容。以下是我的建议：

特里格韦·赖伊，挪威人，第一任联合国秘书长，任期为1946—1952年：你突然发现（**trouvez**）无数次梦想的床（**lit**）；

达格·哈马舍尔德，瑞典人，任期为1953—1961年：一把匕首捡起一把枪（une **dag**ue qui **ramasse** un **colt**）；

吴丹，缅甸人，任期为1961—1971年：一个阿姨（**tant**e）；

库尔特·瓦尔德海姆，奥地利人，任期为1972—1981年：一张图（**carte**）显示仆人（**val**et）因愤怒（**haine**）而扭曲的脸；

哈维尔·佩雷斯·德奎利亚尔，秘鲁人，任期为1982—1991年：剑切腊肉（une é**pée** **cou**pe du **lar**d）；

布特罗斯·布特罗斯-加利，埃及人，任期为1992—1996年：袖口的一粒纽扣（**bouto**n）在疯狂地抓挠，因为它有疥疮（**gale**）；

科菲·安南，加纳人，任期为1997—2006年：一头驮着行李的疲惫的驴（**âne**）停下来喝杯咖啡（**café**）；

潘基文，韩国人，自2007年开始任联合国秘书长：小篮子在哪里（une **ban**nette **qui** est où）？在月球上（**moon**）。

一旦行程结束，花点时间回访这些地方，以便让更多的图像在记忆中扎根，始终都非常重要。

你的一个独一无二的记忆宫殿

我必须承认，交给你不熟悉的房间的图纸，使这件事变得不那么简单。的确，使一个地方“有活力”更困难：感觉气味，材料质地，地面的冷热，等等，特别是在我们不曾进入的一个房间，更何况这个地方并不存在。要唤起这五种感官，不宜在我们一无所知的角落这样的空间进行。这就是为什么我经常建议你选择在自己的家中或者就在那个我们长大的房间里。

闭上你的眼睛（又是这样且总是如此，只有这样才能挣脱现实世界），想象一下在你的房子或公寓的门口。请你把手放在手柄上。这是一种怎样的接触？你用整个手掌握住还是用两个手指抓住？你感受到树木的粗糙还是钢铁的灼热？垂下双眼。你看到了什么？一个擦鞋垫？一个花盆？空气温度有多少？转动手柄。推门而入。你在哪里？在入口？在客厅？在厨房？走，参观一下住所。请你估量自己记忆里储存的细节有多少不同于你所察觉的。

好好待着吧。毕竟，你是在自己家里。慢慢来。

构建一个场所

一旦行程结束，有必要设计路线。通常按照房间将你的房子分为四五个区域。在每个区域中，请你选择五个有特点的元素(物品、家具等)，最好是材质不同的：避免选择两个床头灯或两对窗帘。快速绘图很可能是实用的：如我们在前面所做的那样，通过勾画出场所，可以快速绘出设计图。然后标出途经的顺序，例如，从 1 到 20，注意路线应是现实的。避免穿越或穿墙而过。

闭上眼睛，借助你选择的路回访你的房子。但这一次，请你每次和你构建的元素或存储点擦肩而过时都停下来。正是在那里你存放了你要查找的信息。

场所方法对于记住长长的清单是最有效率的。这也是记忆冠军最常用的策略。对于我来说，已经有十个标记的地方，每个都包含有一百次停顿，算起来应有上千个不同的信息的存储容量。

而随着练习的深入，这个数字也会增加。然而，我还不曾在世界各地都有房子。因为，如果我们初学这种方法，最好在知名的地方开始，人们可以很容易地将探索区域拓展到其他空间。为什么不在你的办公室？或者周六早上你带孩子去的广场（旋转门，小的和大的滑梯，自行车道，等等）？去往市中心的路程？甚至你度假时的海滨浴场？一切皆有可能。只要去，可以选择一个舒适安静的旅程…… 对我来说，如果从我父母的房子开始，而后是培训室，我会为自己建立第一个有上百个位置的场所而开心。为了记住总数为两百的清单，我会选择我在早期获得记忆冠军时所居住的普瓦捷公园。从那以后，我规定自己在每场比赛前，都创立新的宫殿。更多的时候，我会受益于一次旅行。马德里、罗马和托莱多让我觉得自己和其他观光者非常不同……原理可以随着不同的方法而变化；一些行程还可以是人体的解剖：至关重要的是，每个场所都和其他场所不同。

为了能够终身记住信息，最好每个清单只用一条路线。但是，如果你想几小时、几天或几周后修改路线，就可以在这条路线上轻松存储，而后在记忆其他东西前将其遗忘。我的一些场所因此仅用于竞赛，或存储暂时信息；另一些场所长久用于我要终身掌握的知识：总统们的名字，原子列表等。

记住一个好心人彬彬有礼地给你指的路

你开车走在一个不熟悉的工业区，那里所有的建筑看起来都很相似。此外，还有一个转盘和另一个转盘也相似怎么办？20 世纪的公共事业工程师没有将事情变得简单……奇迹，一对情侣在街上经过。太好了！你放下车窗。“您好，对不起，打扰您，我迷路了……”这对情侣靠近过来。“我找维克多·雨果街。”这本应是一种解脱但却是烦恼的开始。不仅这两个人之间无法达成一致意见，而且还必须一边紧张地看后视镜，一边耐心地等待漫长的三分钟，而即使他们一度达成统一（万一有一天这样的时刻降临），却无法记住他们指的路。“过了花店向右拐，你会看到远处的禁止通行牌，然后你向左转，在第三个转盘那里向右，是的，就这样，第三个，或者第四个……第四个，雷吉斯，是不是这样？不，是第三个转盘？对，是这样。我再说一遍。在第三个转盘那里右拐，你会看到一条垂直的街道。我想那是禁止通行的方向。你到时候再问。”

祝你好运。

而你，幸运的记忆术行家，不会因这来势汹涌的地理标志而吓倒。你今后会用有形的场所作为填充恢复标记的背景。你完全可以将这种方法很夸张地加以运用，且同样可以用自己的全部虚拟的场所，以建筑师的方式来构思。

这恰恰是莱昂纳多·迪卡普里奥、艾伦·佩吉和玛里昂·歌迪亚在电影《盗梦空间》中的所为：在虚构的地方构筑空间并移动，在那里，他们在目标人物的梦境植入思想，使这些透露他们的秘密。

想象一下，你在马赛迷路了。你刚刚走出车站，问一个路人，他给你这样指路：

> 你开车到一个转盘，离一个遍布常春藤（vigne vierge）的墙很近；在第一个路口右转，你开车一直到蔬菜店（maraîcher）那里而后左转。你继续开200米左右就可以沿着一个教堂走了。再走100米左右，在面包店，往右。你就到了米斯特拉大道（Mistral）。

如果你不运用任何记忆术，这些信息将在你的记忆中短暂停留。也就是说，走了 50 米后，你会忘得一干二净。没有什么比这更自然的了。如果你想到要想象一个转盘，熟悉的或虚幻的，而后在意识里沿着路人所指的方向前行，就不会这样。用主观的眼光，以一个电子游戏玩家的方式，或者以上天的角度，这没什么关系——除非你更喜欢将两种方法混合使用。人们常说的园丁（maraîcher）不再是一个抽象的词。他奉献给大家那么多绚丽多姿的色彩，说真的，你已经垂涎欲滴了。你抢了一个水果，在车里大嚼，接着扔向左侧，正扔到教堂上。幸好，没人看见。最后，这正是你相信的：面包师就在他的店的台阶上，在那里他快速地进了面包店。你追上他道歉：你不知道你是怎么了，你不是小偷，你保证！但他不见了。你准备进入面包店时，一阵强风刺痛了你的右脸颊。那就是所谓的西北风（mistral）……

稍加练习，你就可以建立一个同步的虚构的场所，也就是在人们给你解释路线的同时。最初，你可能要重复一下……而在这种情况下，这不是就是一个机会么？

还有另一种可能性：使用现有的场所。就用你在本章中创建的你的家。给自己几秒钟的时间回访，尤其是你的前五次停留。

我们将安排五个关键的说明标志。

“在转盘附近，有一个爬满常青藤的墙壁，你在第一个路口右转。你想象一下，藤蔓被涂成蓝色（通常，在法国，右翼党采用蓝色为标志色）。”如果你的第一个位置是门口，你想象一下蓝色的藤蔓顺着门垂下。

“直行到蔬菜店，然后左转。”想象一下，粉红色或红色的萝卜（与左翼政党有关的颜色）。它们和你的第二个位置联系上。

“你继续走 200 米，一直沿着一个教堂前行。”在你的第三个位置，住着一位牧师。

“到面包房，右拐。”用大量的画家的手法去描述，蓝色的法棍面包。

“而后你就来到了米斯特拉大道。”你的第五个标志由一股强风启动。

你在 23 号有个约会：迈克尔·乔丹在你家里的某个地方悠然自得（至少是人们在那吃春卷，你会在下一章明白为什么）。

请你进入状态，重复指示的路线。你到达台阶那里了么？

随着各章的深入学习，我建议给你的练习会越来越难。记得需要时间来休息。假设你已经达到成为第一个总冠军的状态。当你想打破速度纪录时，场所方法确实是最好的。你还缺乏什么？训练。再没什么了。没有什么神秘的才能，也没有隐瞒。没有什么上帝赐予的天赋。也许有一种特定的成分，我将在下一章介绍，用更流畅、更坚实的笔墨以闪电般的速度将信息印刻在你的记忆墙上。我们将用语言扮演见习魔法师。

UNE MÉMOIRE INFAILLIBLE

第四章

建立自己的语言

通过将任何信息与这些字母或我们天生固有的声音相联系，我们都能记住。

你可能平时会记不住一些简单的信息。我建议为你呈现六种新语言，使你一旦掌握方法，能够迅速记住数字、字母、二进制数字、抽象的图像、扑克牌和日语中的汉字。

我们越熟悉的主题，就越容易发现新的问题。更不必说，你越是掌握了特别的技能，在同一领域，你获取新的知识遇到的困难就越少。一位经验丰富的钢琴家不仅能更轻松地演奏新的乐谱，而且能够更快地掌握任何其他乐器的演奏。同样的道理，技工会通过和别的四个轮子的机器的比较，发现一辆旧自行车的奥秘。通过建立联系，我们打开了世界的大门。

如果有什么东西能主导我们每个人，那就是语言。当你读到“树”（arbre）这个词时，你很自然地想到棕色的树干遍布树皮，上面是长着绿色或金黄色叶子的树枝。就像孩子们自他们很小的时候起就会画的一棵树。

同样，当你需要写下这个词时，你不假思索地写出下列五个字母：A，R，B，R，E。这是一个相同的过程：将一个预定的体系和你熟悉的现实相联系。

通过将任何信息与这些字母或我们天生固有的声音相联系，我们都能记住。这是来自那些掌握扑克牌、抽象的图像等的记忆能手的方法。你可能平时会记不住一些简单的信息。这一章将帮你解决这个问题。

我建议为你呈现六种新语言，使你一旦掌握方法，能够迅速记住数字、字母、二进制数字、抽象的图像、扑克牌和日语中的汉字。

进入人们耳中的数字：主系统

先前，数字在我们的记忆中很少能找到捷径。这给我们带来不便，因为它们管理着我们生活的世界。密码、历史日期、电话号码、街道号码、各种标识……正如你今后所知道的，为了记住某个信息，联系五种感官毫无意义。而又有什么比数字更抽象呢？我们在第一章中已经看到一个记住代码的简单方法：1075B对应齐达内攀上埃菲尔铁塔，从死神那里拯救一个婴儿。这种方法适用于那些和我们整体记忆有关联或相反、很私人的数字。如果你出生于 8 月 26 日，那么记住 2608 轻而易举。但对于其他数字，那些从来没有这样或那样抓住过的其他的记忆的枝丫怎么办？

有一种非常有效的记忆长串数字或号码的技巧。

它需要一些投入，因而要有耐心。它实际上要创建一种特殊的字母表。而一旦人们掌握（事实上，很快），圆周率的小数对于你就没什么神秘的了。你不信？请相信我。

原理是唤起我们的五种感官将数字或号码和图像联系起来。有好几种方法。其中，被记忆运动员最为常用的是将 0～9 这些数字译成字母的字母表。它有助于记住 00～99 的号码。让我们看看这个魔术是怎么变的，它源自数学家皮尔·赫里戈恩（1680—1643 或 1644），形成于艾梅·巴黎（1798—1866），我在这里使用的是 19 世纪的形式。今天人们称之为“主系统”或“大系统”。

0 对应的是“z”或“s”（/z/或/s/），我们可以联想到 zéro ① 的“z”；

1 对应的是“t”或“d”（/t/或 /d/），它们都有一条竖垂线；

2 对应的是“n”（/n/），有两条腿；

3 对应的是“m”（/m/），有三条腿；

4 对应的是“r”（/r/），“quatre”② 的主要辅音字母；

5 对应的是“L”（/l/），是由手的五个手指形成的字母；

---

① zéro 在法语中是数字 0 的意思。

② quatre 在法语中是数字 4 的意思。

6 对应的音是“j”，“ge”或“ch”（/ʒ/或/ʃ/）：“j”是 6 的镜像；

7 对应的音是“k”或“gu”（/k/或/g/），K7 有助于你记住这一点；

8 对应的音是“f”或“v”（/f/或/v/），8 的环和“f”是不是很像？

9 对应的音是“p”或“b”（/p/或/b/），9 的镜像为“p”。

一旦人们熟悉了这个字母表，练习的诀窍就在于将这些数字转化为对应的辅音（43：“r”和“m”），然后，加上元音，找到

它们本身能变成图像的词（例如，rame[①] 或 rime[②]）。

这样，和 11 相对应的词，其前两个辅音是“d”或“t”：dada（马），tête（头），tante（姑姑）。和 12 对应的词可以是 tonneau（木桶）。和 13 对应的词可以是 tam（坦克）或 tam-tam（锣），tamis（筛子）或 damier（棋盘）。和 14 对应的词可以是 train（火车）或 dard（标枪）。和 15 对应的词可以是 télé（电视）或 talon（脚跟），等等。

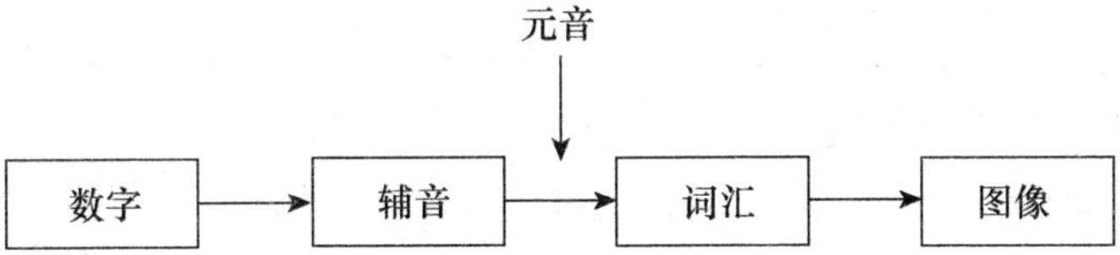

你还记得我给你讲过的第一个故事吗？在这个荒诞的故事中，公牛穿着红色的高跟鞋，其中一个脚后跟露了出来，冻得发抖的木牌表示抗议，冷得它需要披上披肩……你想起来了么？差不多？给自己一点时间来重新找到叙事的线索。披肩成什么样了？它被旅行箱挂住了。旅行箱怎么了？对，吸血鬼，和他的斗

① rame 在法语中是树枝的意思。
② rime 在法语中是押韵的意思。

篷……然后他下到矿井里……我留给你详细地重新复述并且在下面的方框里写下这些词。

你应该已经复述出下面的词汇单了：

公牛、脚后跟、木牌、披肩、旅行箱、吸血鬼、斗篷、矿井、松饼、蜂巢、雪、树枝、松饼、矿井、斗篷、套索、萝卜、灯塔、地毯、礼物（taureau，talon，panneau，châle，malle，vampire，cape，mine，muffin，ruche，neige，rame，muffin，mine，cape，lasso，navet，phare，tapis，cadeau）。

现在，请你准备进行一个破译的小游戏。“taureau”（公牛）这个词发音的前两个辅音是什么？“t”和“r”，就是 1 和 4。“talon”（脚后跟）呢？是“t”和“l”，就是 1 和 5。“panneau”

（木牌）呢？是“p”和“n”，就是 9 和 2。“châle”（披肩）呢？是“ch”和“l”，就是 6 和 5。“malle”呢？是“m”和“l”，就是 3 和 5。“vampire”（吸血鬼）呢？是“v”和“p”……依此继续。

这样，你终于完成了这二十个词。也就是圆周率小数点后的前四十位：3. 14159 26535 89793 23846 26433 83279 50288 41971。

不可思议，不是吗？

和 SEL 方法相结合，就像这样，或者和记忆宫殿方法相结合，运用这个字母表使我们能够印象深刻地记住大量的数字。这对于记电话号码非常有效。我们想象一下，随机选一个号码：04 99 94 87 53。只需几分钟来想象一个小故事：一头鹿（cerf）①（04：0 对应/s/音，4 对应/r/）背上驮着一个婴儿（bébé）（99）慢慢地在草地（pré）（94）上滑行。在草地上生活着一群海豹（phoques）（87），它们在用海浪（lame）（53）照镜子。你觉得很复杂吗？事实并非如此。这是一个非常简单的机制，只是需要半小时的初始投资。半个小时的工作却可以受益一生……这种破译

① cerf 的法语发音是［sɛr］。

值得努力。

我们先就此打住。一旦学会了字母表，最初只需要花二十几秒来编码或解码来记住一系列我们想要记住的数字。我们可以使这一过程变得几乎是自然而然的，从而做得更好。因为一旦“15”和“talon”（脚后跟）联系在一起，生活中便可以总是这样。所以最不规范的数字将不再有什么奥秘。它们会瞬间产生意义。

为将来练习推进一步，我们可以事先将 00～99 的每个数字和图像相结合。在记忆锦标赛上，通常竞争者会运用 1 000 个图像（000～999）的系统，甚至 10 000 个。就我来说，我正在组建一个 1 000 个图像的字母表。这意味着，如果我读到 724，我的眼前立即会出现鸭子（canard）的图像。如果我们记忆运动员经过相当多的训练，就能够做到这一点，没有什么生物学的极限能阻止它。[1]想想看：每年都有很多记忆锦标赛，注册是向大家开放的。

---

[1] 为了使这种学习变得更容易，我创建了一种特殊的扑克牌游戏。请访问我的网站 www. sebastien-martinez. com。

世界最高峰

让我们继续前面的章节开始的地理探索。你还记得我们去过的那些最高峰吗？你如何说出它们确切的高度？我们在孩子的房间里重新开始我们的行程。同样在进入之前，想想和什么有关系。一个杏仁把门弄得发痒：Kilimandjaro（乞力马扎罗山），顶峰 5 892 米。现在请你想象当门大笑着开了，火山熔岩（lave）(58) 从里面走出，杏仁为了不被烧掉，抓住一个翻斗卡车（benne）(92) 离开了。Denali（德纳利山）飞入云天至 6 190 米。好奇的阿里巴巴，忙着准备晚餐，为城堡（château）(61) 的餐桌上菜，按照管家的指示：上一条鱼（poisson）(90)。至于蟒蛇，随时准备扑向毛绒玩具，你放心，它不会达到目的。幸运的是，毛绒玩具有帽子（chapeau）(69)，来保护自己并且藏着链子（chaînes）(62)，用来在恰当的时机将蟒蛇捆住（阿空加瓜，Aconcagua，6 962 米）。

正在爬梯子的小水貂（vison）差点掉进深谷（ravin）(48)。

它没有看到标志牌（panneau）（92）“注意危险！”（Vinson，文森峰，4 892 米）。至于那个变成雪山的小书桌，我们可以想象成一个蚕豆（fève）（88）航行在同一个深谷（ravin）（48）中（Everest，珠穆朗玛峰，8 848 米）。还有，吸尘器吃着地毯，直到吸出小雪橇（luge）（56），女王（reine）（42）吓得惊慌失措（Elbrouz，厄尔布鲁士，5 642 米）。被刺穿屋顶的小房子位于深谷（ravin）（48）边；在小房子的屋顶上，有一个巨大的灯塔（phare）（84），警示可能经过那里的船只……（Puncak Jaya，查亚峰，4 884 米）。

一旦练习结束，再来一次，花时间重新拜访这些新的场所。这就是西塞罗所说的，你的记忆将被刻在“蜡版”上。

联合国秘书长的任期时间

同样的方法，现在你按时间顺序已经知道联合国秘书长都是谁，但你还不清楚这些秘书长的任期。

理论上，应该记住 8 个而不是 4 个数字。这本身没有任何困难，但还可以更简单：联合国是在战后 1945 年创建的，对大家而言，是同一个世纪。

从逻辑上讲，任职日期应该是连续的，一位秘书长接替另一位任职期满的秘书长。但前两位秘书长却并非如此。从吴丹开始，任期都是在 12 月 31 日结束，新一任从第二天，也就是次年 1 月 1 日开始履行职责。以此为界限，这让我们记住每个任期的开始。我请你选择你借用的途径来改编这些新的信息。你也可以运用 SEL 方法，从相应的图像开始，通过编一个故事记住这些。

特里格韦・赖伊，第一任联合国秘书长，任期为 1946（ruche）（蜂巢）年至 1952（laine）（羊毛）年：用与 46、52 相对应的两个图像补充你的场所；

达格・哈马舍尔德，1953（lame）（海浪）年至 1961（château）（城堡）年任联合国秘书长：你只需要再补充上数字 53（61 可以通过下一任秘书长任期的开始时间记住）；

吴丹，1961（château）（城堡）年至 1971（cadeau）（礼物）年任联合国秘书长：只需要补充上数字 61；

库尔特・瓦尔德海姆，1972（canne）（拐杖）年至 1981

(fête)（节日）年任联合国秘书长：补充上数字 72；

哈维尔·佩雷斯·德奎利亚尔，1982（vanne）（阀门）年至1991（batte）（棒球棒）年任联合国秘书长：补充数字 82；

布特罗斯·布特罗斯-加利，1992（panneau）（木牌）年至1996（pêche）（桃子）年任联合国秘书长：加上数字 92；

科菲·安南，1997（Pâques）（复活节）年至 2006（soja 或 siège）（大豆或座位）年任联合国秘书长：补充上数字 97；

潘基文（Ban Ki-moon），自 2007（sac）（包）年开始任联合国秘书长：添上数字 07。

创建你自己的字母表

学习字母表……我知道我的字母表，请告诉我们！当然可以。我向你表示祝贺。是的，我想你只知道一种，就是我们的 42 个字母（包括重音字母），如果你学过中文或日文，或许你会两种字母表。而将每个字母都与一个图像相结合，你可以记住其他的字母表以及包括字母的编码。还有，以最简单的方法，颠过来倒过去地背诵，很自然地知道哪个字母紧接着“m”（你思考着：你需要想一会儿才找到“n”，你同样也可能必须从“a”重新开始），熟记 26 个成员的名单，掌握国际字母表。

不一样的结构

原理始终都是一样的。重要的是运用一个固定的、预制的规则将图像和字母相结合。

规则有无限的可能。可以从字母开始，运用形状、韵律、动物、问题、声音、小说或电影中的人物等。

让我们先从形状开始吧。A 使你想起什么？音乐三角形。

B 呢？一副眼镜。

C 呢？会想到马蹄铁。

D 呢？会想到笑脸（表情符号）。

E 呢？三叉戟或梳子……请你完成这些联想。

让我们按照发音来。这次是将每个都变成一个实体，用我们的五种感官来表达，其名字从这个字母开始。

A：Anouk（演员 Anouk Aimée，或者另一个演员，如果你认识）或者 avion（飞机）。

B：bébé（一个婴儿）

C：cil（睫毛）

D：Donald（唐老鸭）

E：éléphant（大象）

F：fouine（鱼叉）

G：Gérard[①]（热拉尔）或 gélule（胶囊）

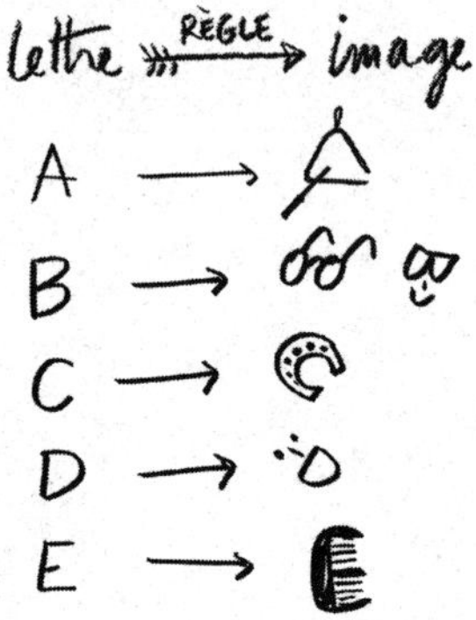

H：hache（斧子）

I：iguane（鬣蜥 ）

J：jeans（牛仔裤）

K：koala（考拉）

L：lime *à* ongles（指甲锉）

M：main（手）

N：niche（壁橱）

---

① 法语中的人名。

O：oreiller（枕头）

P：Paris（巴黎）（埃菲尔铁塔?）

Q：quille（细长的酒瓶）

R：rat（鼠）

S：Sophie①（苏菲），Sébastien②（塞巴斯蒂安）或 serpent（蛇）

T：têtard（蝌蚪）

U：Ursula Andress③（乌苏拉·安德丝）

V：Vénus（金星）或 vélo（自行车）

W：William（威廉）或 whisky（威士忌，如果你愿意，可以是无冰块的）

X：X 射线

Y：Yankee（美国佬）或 yams（山药）

Z：Zorro（佐罗）或 zèbre（斑马）

一旦你有自己的图像，和数字一样，你能记得住任何包含字

---

① 法语中的人名。

② 法语中的人名。

③ 演员的名字。被认为是第一任邦女郎。

母的代码。

这种语言的使用是有限的。但在某些情况下，却相当神奇。有时候，我来帮助企业新员工努力学习新环境的技术词汇。实际上，业务员的日常事务与那些用不规范名称标示的列表相关。AC代表冷库（我建议他们想象演员艾纽克（Anouk）在冷库里眨眼（cils））；HL表示自动浇水（在我经过训练的大脑里，立即浮现出一把斧子（hache）在给指甲锉（L：lime à ongles）浇水，促使它生长）；MQ，火警（我似乎看到一只手（main）拿着酒瓶（quille）正在拍打火苗）。当人们面对200个标识要记时，这种方法被证明确实有很大的帮助。

这些先进的方法对于那些门外汉来说，似乎令人费解。它们只是用来完善我们使用的技巧，即使我们从来都不知道。

你说日语吗？

既然我们可以从头开始通过创建一种语言去学习另一种语言，那么为什么我们能够做更复杂的事却止步于简单的事？不，当然不会。有些语言对于欧洲人来说是非常难学的。日语中的汉字就是这种情况（表意文字或语标符号的形式），日语中包括平假名和片假名（两个缀字课本），拉丁字母这边叫作日语罗马字。光掌握日语汉字还不能和日本人顺畅地交流，同时要学习发音和句子结构。但它是一个先决条件。

2010 年，日本文部省宣布 2 136 个常用汉字。詹姆斯·海西格（James Heisig）在他的书《记忆汉字》中（本章我以该著作为基础），选出 224 个“原语”。它们包含有关键点，或一些可视元素，能够组成其他汉字。詹姆斯·海西格将这 224 个汉字中的每一个都和一个具体的图像联系在一起（他称之为“原语”，因为没有比这些汉字更为关键的了）。在他的书中还能看到一些小故事。所以，如果你掌握了这 224 个基本汉字，你就可以更轻松地记住那些由此组成的新的汉字了。

下面是几个重要的字：

口＝“嘴巴”。我们可以想象一扇巨大的窗，是一个巨人的嘴巴。

目＝“眼睛”。对应的图像是一个梯子，一只眼睛爬到梯子上。

儿＝“人的腿”。你不觉得这个字的确像两条腿么？

八＝“动物的腿”。如果你在上面画出身体，可以得到一条奔跑的狗。

现在我们将它们结合在一起组成新的汉字。你还能认出这些关键的汉字吗？

見　貝　四

見（看）＝目（眼睛）＋儿（人的腿）

貝（贝类）＝目（眼睛）＋八（动物的腿）

四（数字四）＝口（嘴巴）＋儿（人的腿）

一旦你认识了这些基本汉字，你就可以运用这些关键字，通过构想故事更容易地学习新的汉字。

要记住相应的汉字动词“看”，你可以想象一个人看见远处一列奇怪的眼睛气势汹汹地走向腿。

要记住相应的汉字数字四，你可以想象一只巨鼠（根据大系统中的 4）正准备咀嚼人的两条腿……

要记住汉字贝类，你可以想象一盘贝类海鲜被一位有趣的管家端上来，这位管家的小腿上有一只眼睛。

这个系统可行，因为我们给这些奇怪的形式赋予了含义，你的学习速度将成倍增长：你学的汉字越多，你就越能将它们联系起来。

欢迎来到记忆锦标赛

记住数字，两位的数字，记住那些面孔和名字，抽象的形式，52张牌，单词表和那些假想的日期。这就是世界记忆锦标赛持续三天日程安排的变化。[1]这非常吸引人，对不对？

在一般情况下，所要求的主要才能是速度。每次测试都应用一种特定的语言，运用一种自然而然的方式就能掌握。如果你想更有效率些，你可以和场所方法混合使用，这样你就能够快速回想起信息。这真是一项高水平的运动；而记忆运动员确确实实是智力运动员。

二进制记数法：我是如何变成计算机的

二进制是指数字0和1的列表。你可能永远都不会和这有什么联系，但是我应该告诉你我的课程中最疯狂的技巧。如果你觉

---

[1] 关于记忆锦标赛的细节描述，你可以参阅 Troels Donnerborg 和 Jesper Garskjaer 的书：《记住所有人》，Premier Parallèle，2015。

得太深奥，请毫不犹豫地跳过这段。在锦标赛中，它们是以 30 项一行的形式出现的。例如：011100100011100100100110000011。测试是在 30 分钟内记住多少数字。在我写这本书时，世界纪录是 5 040 个数，也就是 168 行。但很可能几个月后就会被打破。

为了记住二进制的数字，我将其转换成已经在大系统中有对应图像的十进制数字。

如何将 0 和 1 的列表转换成十进制的数字？我将它们每 3 个分成一组，而后我运用数学规则将它们在二进制和十进制之间进行转换。

二进制：$000 = 0*2^2+0*2^1+0*2^0 = 0$

二进制：$001 = 0*2^2+0*2^1+1*2^0 = 1$

二进制：$010 = 0*2^2+1*2^1+0*2^0 = 2$

二进制：$011 = 0*2^2+1*2^1+1*2^0 = 3$

二进制：$100 = 1*2^2+0*2^1+0*2^0 = 4$

二进制：101 $= 1 * 2^2 + 0 * 2^1 + 1 * 2^0 = 5$

二进制：110 $= 1 * 2^2 + 1 * 2^1 + 0 * 2^0 = 6$

二进制：111 $= 1 * 2^2 + 1 * 2^1 + 1 * 2^2 = 7$

这样每一组 3 个二进制数字都等于一个 0～7 之间的数字。如果我们考虑两组 3 个二进制数字，就得到可以按照大系统转换成图像的两个数字：

010 001=21

110 011=63

…………

我承认这是纯粹的技能，日常的应用相当少。但我认为有理由相信用这个体系，无论什么，意义还是火花，你都能准确地记住。

抽象的图像

我更喜欢抽象的图形的测试。不是因为它的用途，而是因为它们能锻炼想象的“肌肉”。在运动员面前的任务同罗夏（Rorschach）在精神学上应用的测试很相似。这些图形每 5 个被分成一组。就像二进制的数字一样，这个挑战是尽可能记住更多的图像。

15 分钟的准备结束后，参赛者会拿到一张纸，纸上的图像形状相同，但顺序被打乱。（我敢说）我们只要记住每组中它们的位置。

你有没有注意到，躺在草地上，云在天空中缓缓移动？恐龙，树木，大象，宇宙飞船……有时天空遮住了一个变幻莫测的世界。好吧，我在这里给你建议同样的事情。发挥你的想象力，放开束缚你创造性的理性机制。世界是多变的。

以上图为例，如果让我来自由地解释，我能够编出下面的故事：

第一个花纹让我想到一朵花，玫瑰花瓣。在第二张图中，我看到的形状像鸡蛋；然后我想象一朵玫瑰长在鸡蛋上。第三个图让我想到一个黑色天使；它可以很好地藏在鸡蛋里。第四个，是在海洋中孤立的岩石海景。最后一个花纹的点让我想到瓢虫。然后我重新编成下面的故事：玫瑰长在鸡蛋上。鸡蛋破壳了；一个天使从里面走出，想回家。她住在海洋中间的一块岩石上。那里生活着很多瓢虫。而这就是我最后的图像。

在我参加第一场比赛时，我是带着我唯一的武器——想象力去的。像这些数字，我很快就学会了。那天最常用的一种方法是列出锦标赛中提到的158个花纹，并将它们和物体、人物或行为结合在一起。在这个阶段的一个好处是：训练你的想象力。

扑克牌游戏

多米尼克·奥布莱恩（Dominic O’ Brien），八次获得世界记忆冠军，只看一次，就能记住54盒扑克牌，其中每盒52张牌，即一次能记住2 808张牌（出现8个小失误，没有错误最佳）。他因此而闻名。他也因为被全世界的赌场禁入而闻名。他记忆扑克牌的能力确实了不起！记住下面的扑克牌，那实际上就是超越梦想。

如何完成这一杰作？还是且总是要训练。我自己是这样做的：每天早晨练习，以掌握好的技巧。基本原理都是一样的：赋予信息以意义，将扑克牌转换成能唤起我们五种感官的场景。

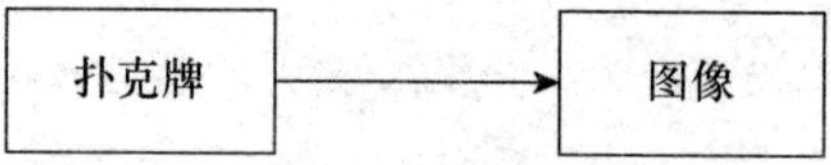

下面是在锦标赛期间最常用的两种体系。

辅音系统

扑克牌由四种花色组成（红桃、方块、梅花和黑桃），每个花色有 13 张牌：1～10，加上 J，Q，K。我们这里考虑 J 表示 11，Q 表示 12，K 表示 13。所以每张牌可以由两个因素来定义：花色和数字。原理是将这些因素转换成字母音节以便组成单词。下面是范例：

梅花（trèfle）：T；黑桃（pique）：P；方块（carreau ）：Ca；红桃（coeur）：Co

对于数字，我们运用在本章开始时给你介绍的大系统的字母表。

10=0（因为扑克牌中没有“0”，我们按照惯例将 10 转换成 0）。

11（J）＝ tt 或 dd，td 或 dt。

12（Q）＝tn 或 dn。

13（K）＝tm 或 dm。

我们首先按照花色说明，而后按数字说明。

这样红桃 3 就变成 Co 或 M，组成的词就是 Commis（职员）或 commère（长舌妇）……

以下是在锦标赛期间，我运用的完整的范例（从那时起，这个系统就随着来自我亲身经历的联想的丰富而不断演变）。一旦结合这个字母表，就只需要将这些牌放入记忆宫殿……请你思考下一部分的扑克牌。

	♥	♦	♣	♠
1	Côte（海滨）	Caddie（球童）	Tata（阿姨）	Pâte（面团）
2	Cône de glace（锥体冰）	Canne（手杖）	Tonneau（木桶）	Poney（小马）
3	Commis（职员）	Camion（卡车）	Tam-Tam（锣）	Pomme（苹果）
4	Corps（身体）	Car（汽车）	Taureau（公牛）	Paris（巴黎）
5	Collant（紧身衣）	Câlin（拥抱）	Talon（脚跟）	Pile（电池）
6	Cochon（猪）	Cachet（印章）	Tache（任务）	Pêche（桃子）
7	Coque（蛋壳），Coca（可乐）	Caca（屎）	Toque（帽子）	Pâque（复活节）

续前表

	♥	♦	♣	♠
8	Couffin（筐）	Café（咖啡）	Touffe（放电刷）	Paff（啪）
9	Copain（同学）	Cape（斗篷）	Tapis（地毯）	Papa（爸爸）
10	Coussin（垫子）	Case（格子）	Tasse（杯子）	Passe（航道）
J（11）	Coton-tige（棉签）	Candide（天真的）	Etudiante（大学生）	Patate（土豆）
Q（12）	Continent（大陆），comptine（儿歌），condamné（被判刑的）	Cadenas（挂锁）	Tétine（乳房）	Patinette（儿童踏板车）
K（13）	Coutume（习惯）	Cadmium（镉）	Tatami（榻榻米）	Podium（领奖台）

按照主题

这次，重要的是将表示花色的概念同相对应行的人物相联系。这是由英国人埃德·库克（Ed Cooke）提出的，他是位前记忆冠军，是一个很有趣且享有威望的人。当然，你可以使用你自己文化中的人物，因人物的特点而变化。

没有比这个表更主观的了，我不能为你代劳——当然是请你自己来填这个表。

		♥（爱）	♦（钱）	♣（运气）	♠（不吉利的）
1	运动员 F				
2	运动员 H				
3	电影明星 F				
4	电影明星 H				
5	F 争议				
6	H 争议				
7	女科学家				
8	男科学家				
9	权力 F				
10	权力 H				
J（11）	宗教				
Q（12）	知名人士 F				
K（13）	知名人士 H				

你完全可以将这两个系统混合运用，甚至发明自己的。最重要的不是你选择的系统，而是对于每张扑克牌都能得到一种足以铭刻在你的记忆中的提示。

即使你不打算竞争法国记忆冠军（记忆冠军这个头衔，我还能保持些许时候），记忆扑克牌仍是一个很好的练习，既容易操作，又有趣，还能看看我们进步有多快。

练习 1

1. 在完成上面两个范例之一后，请你构建一个安排有 52 个位置的记忆场所（参见第三章“构建一个场所”）。

2. 请你训练自己运用系统的反应，也就是说缩短你看扑克牌和图像在脑海里出现需要的时间。为了做到这一点，一个接一个拿着扑克牌，回想你与之联系的图像。最初，这会花费你一些时间；但随着训练的开展，我肯定，你将用不到 30 秒就能浏览完一盒扑克牌。

经常访问你的记忆宫殿。毫不犹豫地计时。对于我所关注的，我用了不到 18 秒就访问了任何一个我选择放扑克牌的宫殿的 52 次停留。

3. 最后，请你投入到一盒扑克牌的记忆中。将牌打乱，而后将它们放到记忆宫殿中。然后，你用另一个盒子，将扑克牌按照你已经记住的顺序放好。

在不到一周的时间里，坚持每天训练半个小时，你就能在不到 10 分钟的时间里完成这些（我观察我的学员能够做到）。如果你更有毅力坚持，你将很容易在 60 秒内完成。

更先进的系统

1991 年，第一次世界锦标赛问世，多米尼克・奥布莱恩两分钟内能记住一盒扑克牌。大家都以为人类不可能闯入 30 秒之内。今天，由西蒙・赖因哈德（Simon Reinhard）正式保持的纪录是 2015 年成功地在 20 秒 44 完成。20 秒这条线实际上已经被几个竞争者运用训练软件时超越，但在锦标赛上还没有任何记载。如何才能有这种进步幅度，这可能吗？

我认为导致这种快速的进步有两个原因。记忆的运动，确实还很年轻（即使在古代就已扎根），追随者很少，形式也很少。没有体能教练、医生、营养师，也没有心理教练陪伴参赛者。或许这些将来会有。有一件事是肯定的，目前的这些纪录将很快作古。另外，25 年间，记忆术也得到迅猛发展。有些是非常高端的技术。直到现在，我只给你介绍了一些“简单”的系统。下面，我将为介绍几个更先进的系统，这是参考全世界的记忆专家得出的。

PAO 系统

很难知道是谁发明了这个系统。2000 年，世界冠军安迪·贝尔（Andy Bell）就已经在使用了。这种系统不再是在一个场所的每个位置都只存储一个图像，而是存放三个图像，形成一个描述了一个人物、一个行为和一个物体的复杂故事。

举个例子，受关于数字的联想的启发，根据大系统，对于 00～99 的数字，你可以有 100 个图像。对于你来说，43 的图像可能是一个树枝。树枝表示物体。为了构建你的 PAO 系统，需要找到和这个数字相对应的人物和行为。对于我而言，人物是和我一起划皮划艇的一个朋友，而行为是用树枝划水。下面是另外两个例子：

26：雪。人物：一个雪人；行为：打雪仗；物体：鹅毛大雪。

96：钓鱼。人物：渔人，我爷爷；行为：捕鱼；物体：一根钓鱼竿。

下面是用以下三组数字我们能够编成的故事：

432696：一位皮划艇运动员（我的朋友）在用钓鱼竿打雪

仗。我想象我这位朋友用他的钓鱼竿发射东西。

264396：一个雪人在用钓鱼竿击打水面。

962643：一位渔人（对于我而言，是我爷爷）在尽情地打雪仗，手里拿着树枝。他用树枝来发射雪球。

这个系统确实相当复杂，它能够创造出更为多样化的故事(甚至完全是妄想的)，这减少了我们在记忆长长的列表时出现错误的风险。另外，它允许使用并不宽敞的场所。它使得建立系统的重要性3倍于以往。对于数字00～99，不是100个图像，而是300个图像；对于扑克牌，不是52个图像，而是156个图像。努力是很重要的，在锦标赛期间，时间飞逝，它使你自由地在同一个场所存储更多的信息（在记忆宫殿里的每次停留，可以放3张牌或6个数字）。

同样的道理，有些人使用PA系统（personnage-action，人物—行为），PO系统（personnage-objet，人物—物体），PAOH系统（personnage-action-objet-habit，人物—行为—物体—习惯）……自由地发明你自己的系统，让头脑成为一个故事工厂……

Ben 系统

由三任世界冠军本·普利德摩尔（Ben Pridmore）创立，主要得益于他在记忆扑克牌方面的才能。他的纪录是一个小时记住28盒扑克牌（即1 456张牌）。很棒，不是吗？注意到同样的图像经常重复出现，这增加了记忆颠倒的风险，他创建了一个有2 704个图像的系统。不再是一张牌一个图像，他将每一对牌对应一个图像。♣1♦3有一个图像，而♦3♣1是完全不同的另一个图像。

这个系统同样是建立在辅音和元音之间发音的基础上。这里不再延伸这一主题，因为很显然这一记忆术是针对那些水平很高的竞争者的，这些例子是为了向你表明一个原理的各种可能的变化：铭记那些在叙述中变换的信息……

“你为什么不玩扑克牌，黑杰克21点或桥牌？你将战绩辉煌。”这是一个我最经常被问到的问题。事实上，一些外国冠军都已经这样做了，来补贴他们的收入。

我所研制的记忆系统用于竞赛是最理想的。需要将它们适当调整才能用于赌场。此外，锦标赛中的条件是很理想的：人们听不到一丝声音，大家可以全神贯注。在游戏桌上，面临的挑战也正是人们无法集中精力。如果不具备理想的条件，还要能够记住，就需要随时随地进行训练。但对于我而言，我更喜欢将我的时间用于为我的学生寻找新的策略，使他们在比赛或考试中取得成功。但如果有一天我的学生让我帮他赢得比赛，我或许可以帮忙……

UNE MÉMOIRE INFAILLIBLE

第五章

成为记忆冠军

创造性支配你控制记忆的过程，你从中获得乐趣。混合运用串联、记忆宫殿、SEL和SAC方法，发明你自己的工具。想象无限，记忆无限。

就这样，你现在即将成为一个运动员。

如果你已经尝试过竞技体育，你就知道进行多少训练是重要的，以及强度多少合适。然而，记忆是一项运动，就像篮球、皮划艇和花样滑冰一样的运动。如果没有有规律的练习，到了比赛的时候，你就有可能丧失你的娴熟性而失败。需要稳定地维持训练，而机会比比皆是，每天都一样。尝试着不去查互联网，你可以努力试着回答这是什么……

阅读到这个阶段的时候，你已经掌握了现存的主要的记忆技巧。现在看你是按顺序或者不按顺序，单独或者合并应用它。只要你喜欢，根据你的心情或者你希望要记住的状态来决定……事实上，我们在前面的章节就已经开始这样做了，只是这里我们证明这个方法将适用于更复杂的坏境。

本章的目的是让你个性化目前为止你已经学到的。请记住：记忆的过程是建立在你自己的经验基础上的。你运用你的联想越自如，就会更快和更轻松地铭记那些你所希望在脑海中记住的。同样，选择你最熟悉的技巧。如果不是面对那些训练有素的冠军们，所有前面提到的那些方法都是有效的，关键是你要有信心。你可能已经注意到了哪些技巧更适合你，那就充分运用它们吧。

并且，如果可能，将它们结合起来，我们将会比很多人强很多，而一言以蔽之，越着迷，越有趣……

有乐趣就有效率，很不错的一个计划。

学习语言

我们已经看到前面的章节如何用 SAC 方法记住外语单词。我在这里建议你记住更复杂的信息。

不规则变化的动词

不规则变化动词的知识（不可避免地）要掌握这四个方面的不同信息：不定式、过去式、过去分词和译文。

如骑（*ride*）、骑（*rode*）、骑（*ridden*），骑马或骑车。

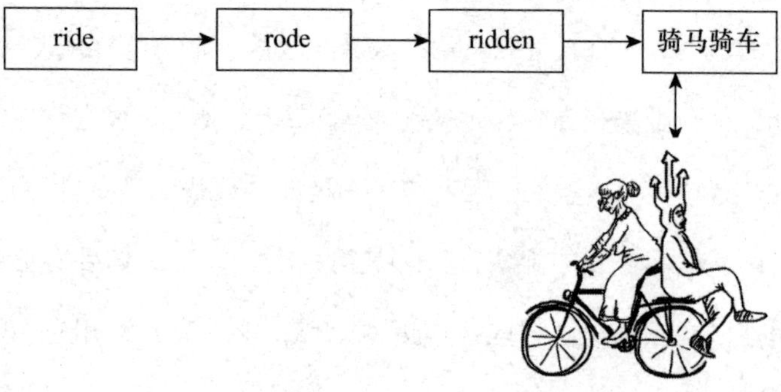

通过混用 SAC 和 SEL 的方法，我想象有一个满脸皱纹（**rid**ée）的老人，穿着一件礼服（**ro**be）去参加化装舞会，她遇见一个老朋友把她化装成一个三叉戟（**triden**t），在他们一起跳完舞之后，快乐地同骑一辆自行车回去，一个骑车，一个坐在车架上。

摇动（*Shake*），震动（*shook*），动摇（*shaken*）：摇动、震撼（*secouer*）

Shake：在两个少年之间体检（check）[1]；shook：一脚射门（shoot）；shaken：每一圈；secouer：一个男人振作起来。

上面的信息让我的想象驰骋：一个年轻人检查（**check**e）了一下足球，然后射门（**shoo**t）。在他旁边，有 1 000 个球静静地在那转着圈（**chac**un），但是球击中了横梁，太震撼了（**secoué**）……

轮到你了。训练自己用其他不规则变化的动词。例如：吃东西（eat）？

[1] 这里法文的 check（体检）的发音和英文的 shake 相似。

记住一种语言的阴阳性

英语不存在这种问题。但是，在其他语言中我们要多费劲才能想起一个词的阴阳性？

例如西班牙语。

La mantequilla（西班牙语）：黄油。

你可以从两种不同工具中受益。

首先，场所方法。需要建立两个不同的场所进行练习。例如公园和公寓，一个供你存放你记不住的所有的阳性词汇，另一个存放阴性词汇。

另一种可能是由一种语言的阴性词汇组成一个女人（无论是你喜欢的谁）。对于阳性词也是如此。

La mantequilla（西班牙语：黄油）：可以将黄油想象成一瓶龙舌兰酒（tequila），穿着的大衣（manteau）染上了黄油渍，让谁来帮你洗？(1 个女演员、1 个女同事，还是 1 个女性朋友，或是你的母亲？将她作为你记忆的图标!)

掌握地理

学习地图最常用的方法很简单。就是看地图、闭眼睛、拿一张空白图纸、（非常努力地）把刚才读到的填上去。请注意，这种方法并非完全无效，但是一段时间后，你的脖子会越来越酸痛。之后，你可以记住这些信息。结束这种折磨的方式是去散步。如果你在第二天、第三天……继续这种旋转木马式的方法，你也可以完成这些地图的学习。可是，你是否想知道有一种更有趣、更快、更好玩，也能让你持续更长久的学习方法？

拿一张欧洲地图。这个练习的目的是能够从边界线出发，在空白欧洲地图上填上国家的名字。要做到这一点，我们将 SEL 方法和 SAC 方法混合使用。

你还记得在前面的章节中介绍的抽象形状的测试吗？这个练习可能会让你不再担心。而实践证明记住这些地理信息是非常有用的。你可以将这些国家看作固定的图像。在地图前放飞思想，让灵感来找你。你能立刻看到意大利的长筒靴吗？你很快就会看到相当多的国家的形状。锐化你的想象力，抓住 SAC 方法。

让我们看看克罗地亚（Croatie）的形状。你看到了什么？鳄鱼嘴？叉突（鸡胸部的 V 形骨头）？鸟的喙？假设你把它想象成一只鳄鱼，现在我们可以用克罗地亚这个词做游戏：呱呱叫（**croasser**）？现在，把两者融合在一起，我们想象一只鳄鱼在呱呱叫（un crocodile croassant）。

冰岛（Islande）看起来像一条鲸鱼；你能想象它正在一个小岛上休息。

希腊东南部的埃维厄岛（Eubée）可以想象成一块栖息木或者跳板，希腊（Grèce）这个词让我们想起古代的寺庙、雕像或者更通俗的脂肪（**graisse**）的发音。假想维纳斯准备跳水！

你明白这个原则了吗？那么，通过和 SEL 方法相结合提高速度。

实际上，这种策略可以适用于多个国家，以便相对于其他国家来记住位置。这样，德国（Allemagne）和波兰（Pologne）的形状就像两个橄榄球球员在争球。一个身穿马球服（**polo**）（Pologne，波兰）的对另一个说："喂，赶快（**Allez，magne**）（Allemagne，德国）。"

我们将周边国家融合在一起。将它们混合起来，但是在记忆术的世界里，规则不太一样：发球之前，他们必须做一个检查（**check**）（République tchèque，捷克共和国）。男子马球的发球如此有力，以至于皮球爆炸漏出很多升（**litres**）（Lituanie，立陶宛）牛奶（**lait**） （Lettonie，拉脱维亚），并且从一块大石头（**stone**）（英语）（Estonie，爱沙尼亚）上流下。

至于法国和绿巨人（Hulk）（Ukraine，乌克兰），他们之间进行了一场拔河比赛，当法国人确信要输的时候，拔出了他的瑞士（Suisse）刀并开始割断绳子，被鸵鸟（autruche）（Autriche，奥地利）裁判看到了，作为惩罚，法国必须跳慢狐步舞（**slow**），和谁（**Av**ec **qui**）？斯洛伐克（Slovaquie）还是绿巨人？

白俄罗斯看起来像个有扶手的椅子。不是吗？我想象有一个美丽的心情烦闷的俄罗斯女子在那里。她可以将绿巨人和其他橄榄球球员联系起来，幸运的是，这么多升牛奶只是在她的身边流过。在惊吓过后，她往下看，看到绿巨人正在拔河。

你理解了这个逻辑吗？现在，轮到你用下列国家创建你自己的故事：

罗马尼亚（Roumannie）、匈牙利（Hongrie）和斯洛文尼亚（Slovénie）

—罗马尼亚的形状像一条棕色（**roux**）的怪（**mani**aque）鱼（Roumanie）；

—匈牙利像一把灰色（**gris**）的微波（**on**des）枪（Hongrie）；

—斯洛文尼亚就像一颗导弹飞往外星人住的飞碟（**ovni**）（Slovénie）。

只要完成上述的第一步，就能够将那些孤立的国家相互连接起来。

摩尔多瓦（Moldavie）很像是一顶给鱼戴的帽子。这是一顶非常有用的帽子，因为它能掩盖丑陋的软体动物（**moll**usque）的头（对不起，夸张并不总是优美的）。

另一个例子，那些在意大利之后进入地中海沿岸的国家。我们这次要结合 SAC 方法、形状、SEL 方法和串联方法。

斯洛文尼亚（Slovénie），克罗地亚（Croatie），波斯尼亚（Bosnie），黑山（Monténégro），阿尔巴尼亚（Albanie），希腊（Grèce）

—斯洛文尼亚（Slovénie）：一个飞碟（ovni）；

—克罗地亚（Croatie）：你的鳄鱼（crocodile）；

—波斯尼亚（**Bo**snie），黑山（**M**onténégro），阿尔巴尼亚（**A**lbanie）和希腊（**Gr**è**c**e）：一个“肥美（beau 音同 Bo）的鸭胸脯（magret）”（把黑体字母串联起来）。

结果：一个飞碟停在地中海巨大的月牙形（croissant）的岸边，静静地品尝着肥美的鸭脯肉。

通常，你可以在地图上安置至少 20 个国家，差不多是你已经认识的全部。我请你对接下来的几个国家选择能激发你的灵感的记忆策略来结束这项练习：

—塞尔维亚（Serbie）和马其顿（Macédoine）；

—挪威（Norvège），瑞典（Suède），冰岛（Islande）和芬兰

(Finlande)。

当然，有可能，上面这些都是你不知道的国家。

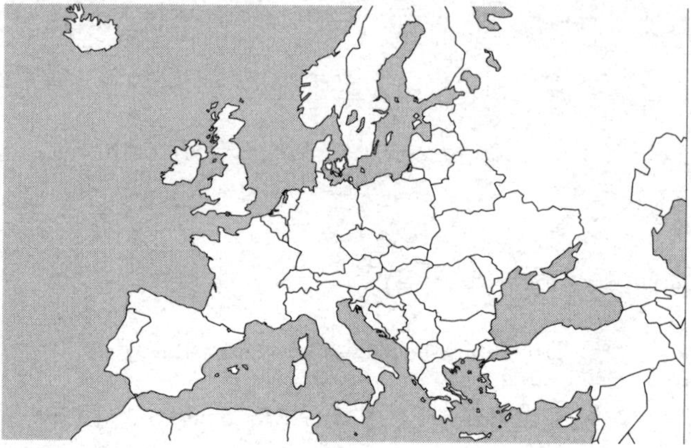

元素周期表

有谁梦想过能够背诵化学元素周期表，像这样……不是你吗?

当然，这个练习的意义主要在于学习成绩而非使用。但是，在我的科学研究的过程中经常面对这个表。想象一下各种情况，我们身边所有的事情都可以用来表述这118个原子……现在让我静静地想一下。我必须承认这曾让我很费劲，并且能够眼睛不眨地说出周期表这个想法也令人惊讶。今天我要告诉大家，这并不难。

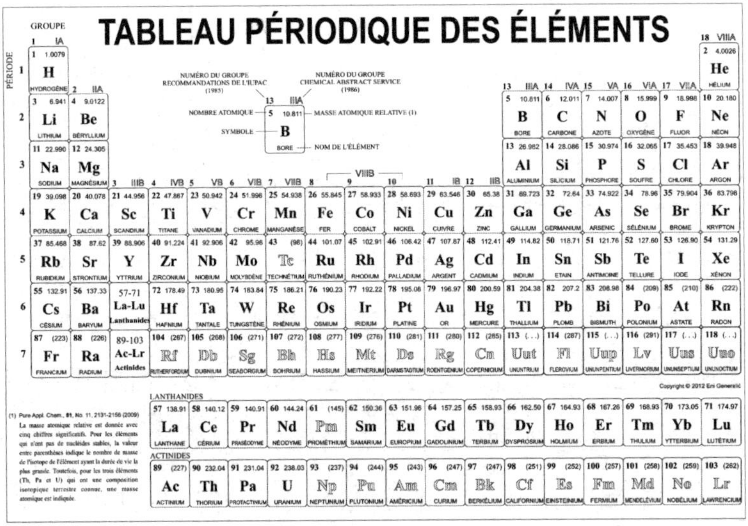

Source: http://www.periodni.com/fr/

很少有人知道，用串联的方法，我们能够记住这个表。下面是大家熟知的一段：

(**Li**li **Be**rça **B**ébé **C**hez **N**otre **O**ncle **F**ernand **Ne**stor) “莉莉在我们叔叔芬南德·内斯托的家中摇晃婴儿”用于记住周期表的第二行：锂（Li），铍（Be），硼（B），碳（C），氮（N），氧（O），氟（F），氖（Ne）。

(**Na**poléon **M**an**g**ea **Al**légrement **Si**x **P**oulets **S**ans **Cl**aquer d'**Ar**gent)“拿破仑愉快地吃了六只鸡并没有花光他的钱”帮助记忆周期表的第三行：钠（Na），镁（Mg），铝（Al），硅（Si），磷（P），硫（S），氯（Cl），氩（Ar）。

这一方法可以非常快地记住排列。但是，如果要求我们在不重新开始数起的情况下快速说出第 22 个元素，这个方法就失效了。并且，也无法联系元素的原子量或者是每一族元素的特征。为了做到这一点，场所方法更合适。

选取你创造的第一个场所，你自己生活中的场所（除非这一场所已经被你用于其他的信息，在这种情况下你只能创建另外一个）。它至少包括 20 次停留，共 4 个区域，每个区域有 5 个位置。虽然，在理想情况下，每一区域应有 10 个位置——我过一会儿再谈这个问题。

在脑海中再来一遍。你准备好安放你的原子了吗？

在开始记忆之前，我建议你先研究一下这个著名的周期表所表达的信息。它通常包括 7 行，两个元素在第一行，第二、第三行有 8 个，第四、第五行有 18 个，接下来的几行包含更多的元素。根据表中信息的详细程度，每个框中至少显示四种信息：元素的名字、位置（原子序数）、化学符号和原子量（很多数字）。我们当然可以加入其他信息（电负性，熔点，电子构型，第一电离能）。先让我们从只有 4 种信息的开始。

第一个原子，氢；原子序数：1；符号：H；原子量：1.007 94。

除了例外，化学符号一般对应名称的第一个字母或头几个字母。

在记忆的宫殿里，原子序数将由图像的位置表示。原子量的表示将得益于主系统（大系统）。我们将从记忆前两个数字开始。如果你还想记住更多，就请你自己完成你的故事。

因为有了你的场所，可以按照顺序一块记住前 10 个元素。在下面的例子中，我建议你联系元素时要有“逻辑”，要实际参与。如果你不熟悉这些连接，你当然也可以充分发挥你的想象力。

1. H，氢，原子量：1.007 94

太阳的主要组成成分是氢。让我们想象一下，太阳。

它的原子量是 1，正如它在周期表中的位置一样。为它的原子量，创建在你脑海中的图像。

把太阳放在你记忆的第一场所，或者是你喜欢的其他图像。

2. He，氦，原子量：4.002 60

它被用于飞艇，是一种易燃的惰性气体。对于它的质量(4.002)，我们可以想象为老鼠（rat）(4 是根据主系统)。

我让你来处置这个飞艇，艇长是个老鼠，处于第一个场所的第二次停留。

3. Li，锂，原子量：6.941

锂被用来制造电池，尤其是电动车电池。我建议你用戴帽子(chapeau)（6.9）的电池来表示。

4. Be，铍，原子量：9.012 18

你一定知道祖母绿或者蓝晶，这两个都产自绿柱石这种矿物。这些石头的成分之一是铍，你可以想象成由木头（bois）(9) 变成绿宝石。

5. B，硼，原子量：10.811

硼是制作超轻网球拍的成分之一。它的图像可表示为：一个网球拍在茶杯（tasse）(10) 里扣杀。

6. C，碳，原子量：12.010 7

铅笔芯是由碳做成的。表示图像是：铅笔浸在一个木桶(tonneau)（12）里。

7. N，氮，原子量：14.006 74

元素符号的第一个例外。N 来自拉丁语 *nitrogenium*。当它是液体的时候很冷，所以被用在手术中。毫无疑问液氮能融掉疣……表示图像：公牛（taureau）（14）的鼻尖上有个巨大的疣。

8. O，氧，原子量：15.999 4

图像：脚跟（talon）（15）刺穿了一个大型潜水氧气瓶。

9. F，氟，原子量：18.998 40

图像：一个海豚（dauphin）（18）用牙膏刷牙（氟是制作牙膏的主要成分）。

10. Ne，氖，原子量：20.179 7

图像：在天花板上，灯管发出明亮的光芒，像伸出的八角茴香（anis）（20）。

一个不可思议的建议，像我一样想挑战记住整个元素周期表。当你试图建立自己的记忆宫殿时，要确保创建一个包含 10 个位置的区域。在我记前 100 个原子时，我构造一个老农场（内部和外部），它共有 10 个部分，每个部分有 10 个暂停点。当我想知道哪个元素是第 52 个时，我马上就知道它在第 6 部分的第 2 个位置，是碲。

探索人体

人体有 206 块骨头和 600 多块肌肉……对于我而言，要掌握人体解剖学一直是高不可攀的。直到我找到适合自己的办法，我就轻而易举地做到了。此后，我将这个技术教给那些准备医学考试的学生们和那些认为这一切是不可能的人……没有一个失败的。

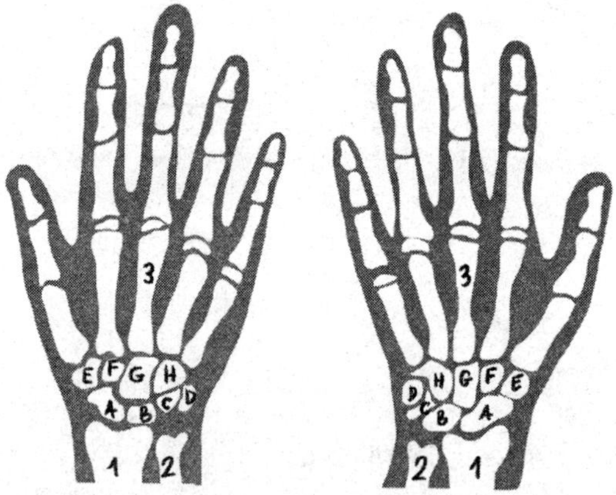

Trapèze（大多角骨）（E），Scaphoïde（舟骨）（A），Lunatum（月骨）（B），Triquetum（三角骨）（C），Pisiforme（豌豆骨）（D），Hamatum（钩骨）（H），capitatum（头状骨）（G），Trapézoïde（小多角骨）（F）。

你知道在我们手腕上的那些小骨头的名字吗？这些都是腕骨。掌心向下，拇指向内，伸开你的手。我们将从最接近拇指的骨骼开始我们的路线，右手按顺时针方向，左手是另一个方向。

你此时完全可以越过记忆术以便我直接进入详细说明阶段。

在空中的一个秋千（**trapèze**）上，一个潜水员（**scaph**andrier）在荡秋千。突然，他松开了吊杆，做了几个动作落在月亮（**lune**）上。在那里，一个巨大的蚂蚱（**criquet**）欢迎他的到来，并邀请他在游泳池（**pisci**ne）里游泳。在游泳池正中央种了一棵美丽的树，树中间挂了一个吊床（**hama**c）。吊床一头的另一棵树变成了大大的白色的旗帜。旗帜下面，一个人投降了（**capit**ule）。奇怪的是：这面白旗上被画上了一个小精子（spermato**zoïdc**），它要逃走去荡另一个空中秋千（**trapèze**）。

你知道激活的惯例，闭上你的眼睛，注意你的手，说出不同的腕骨的名字，通常这样应该比较容易。

在手之前，更重要的是，大脑是我们的身体中最经常使用的一部分。让我们现在开始指挥我们所有的行为。

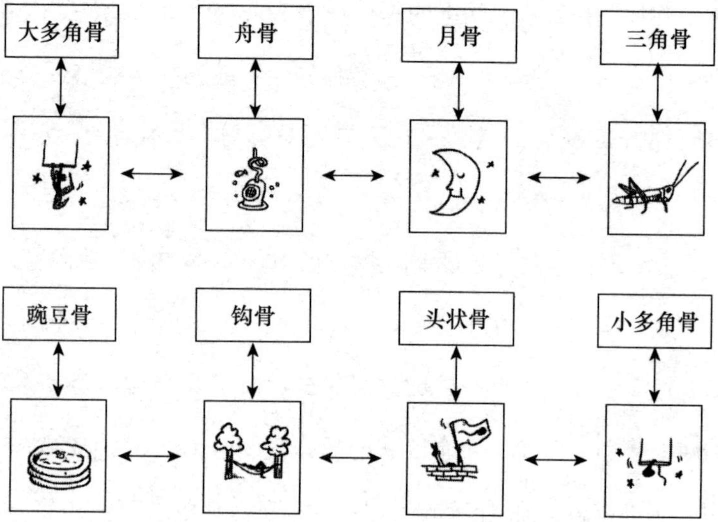

大脑的叶

正如你可能知道的，大脑是由脑叶组成的。这是个大脑侧面的图解，额叶等同于额头、颞骨、太阳穴。你知道这些，很好。

就像刚才我们教给你的手的练习那样，我们再做一个练习。或者更恰当地说，请你再创造：你现在不需要我了吧，不是吗？

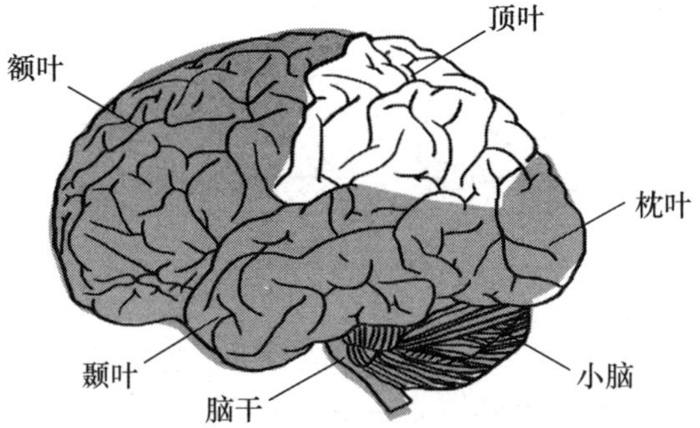

1. 选择你的路线：起点和终点。

2. 用你自己的联想。

3. 创建你的故事。

4. 再激活。

我们给你留了一点地方来记录你在最短时间里学过的知识。

解剖学的书籍有很多，我请你一个人独自在人体中继续旅行。

法国的省

曾经有段时间，熟知全法国各省份名称的列表是获得研究证书的必要条件。你可以问问你的父母或祖父母是不是这样……这是一个已经或多或少不被重视的知识了。自从我们选择在车牌上显示出省份，在孩子的游戏中，我和我姐姐盯着高速公路上的车牌已经失去原有的味道了。如果你想在你的祖辈面前露一手，这正是给你准备的。

101 个和省有关的数字……现在你知道如何念这些数字。这对你来说不再是一个挑战。就像任何语言一样，开始使用时无须完美地掌握它。像孩子们一样，通过练习学说话，在练习过程中不断犯错，最后就可以说话了。

序号	省	序号	省	序号	省	序号	省	序号	省
1	安	21	科多尔	42	卢瓦尔	63	多姆山	84	沃克吕兹

续前表

序号	省	序号	省	序号	省	序号	省	序号	省
2	埃纳	22	海滨阿摩尔	43	上卢瓦尔	64	比利牛斯大西洋	85	旺代
3	阿列	23	科勒兹	44	大西洋卢瓦尔	65	上比利牛斯	86	维埃纳
4	上普罗旺斯阿尔比斯	24	多尔多涅	45	鲁瓦雷	66	东比利牛斯	87	上维埃纳
5	上阿尔比斯	25	杜	46	洛特	67	下莱茵	88	孚日
6	海滨阿尔比斯	26	德龙	47	洛特-加龙	68	上莱茵	89	约纳
7	阿尔代什	27	厄尔	48	洛泽尔	69	罗纳	90	贝尔福
8	阿登	28	厄尔卢瓦	49	曼恩-罗瓦尔	70	上索恩	91	埃松
9	阿列日	29	菲尼斯泰尔	50	芒什	71	索恩-卢瓦尔	92	上塞纳
10	奥布	30	加尔	51	马恩	72	萨尔特	93	塞纳-圣但尼
11	奥德	31	上加龙	52	上马恩	73	萨瓦	94	瓦勒德马恩
12	阿维龙	32	热尔	53	马耶纳	74	上萨瓦	95	瓦勒德瓦兹
13	罗纳河口	33	吉伦特	54	默尔特-摩泽尔	75	巴黎	971	瓜德罗普

续前表

序号	省	序号	省	序号	省	序号	省	序号	省
14	卡尔瓦多斯	34	埃罗	55	默兹	76	海滨塞纳	972	马提尼克
15	康塔尔	35	伊勒-维莱纳	56	莫尔比昂	77	塞纳-马恩	973	法属圭亚那
16	夏朗德	36	安德尔	57	摩泽尔	78	伊夫林	974	留尼旺
17	海滨夏朗德	37	安德尔-卢瓦尔	58	涅夫勒	79	德塞夫勒	976	马约特
18	谢尔	38	伊泽尔	59	诺尔	80	索姆		
19	科雷兹	39	汝拉	60	瓦兹	81	塔恩		
2A	南科西嘉	40	朗德	61	奥恩	82	塔恩-加龙		
2B	上科西嘉	41	卢瓦尔-谢尔	62	加莱海峡	83	瓦尔		

我们将结合主系统使用 SAC 方法。

第一个省，安（Ain），它太容易了：它的发音就像数字 1。

第二个，埃纳（Aisne），我想起羊身上的羊毛（laine）（发音相同）。我看到长着一个大鼻子（nez）（对应数字 2）的羊。

第三个，阿列（Allier），我想起了一个边锋（ailier）。我仿佛看到法国篮球选手尼古拉斯·巴通姆（后来成为一个边锋），他爬到了一个旗杆上。

你明白了这个原则，我们接着进行下面的内容。

第二十三个，科勒兹（Creuse），是一个巨型春卷（nem）（23）拿铲子挖洞（creuse）。

第八十八个，孚日（Vosges），因一只野兽（fauve）（88）胃口很好地吞了一只小牛（Vosges）（凶残）而最终被记住。

我请你独自完成列表中的所有内容，确切地说，这是个孩子的游戏……

当然，最终的目标是成功地在地图上标出所有的省，即使在南方高速路上猜度假的人来自哪个省也是很有趣的。在你看来，怎么做？这使你想起通过国家的边界画出欧洲国家的形状。同样这么做，画出各省的轮廓，你会很容易就知道它们的位置——和生活，只要以一种有效的方法进行复习（我们将在下一章里看到具体该怎么做，请耐心等待）。

记住面孔

“哦！晚上好！你怎么样？

—很好，谢谢。维奥莱纳，我介绍一下，这是塞巴斯蒂安，法国的记忆冠军。

—很高兴见到你。

—很高兴见到你。

—……

—……

“晚上好”，这个你见过好几次的男人最后说，但是你想不起他的名字了，就是那个和你交谈的人。“我是克里斯蒂安，你是哪位？”

这种情况让我们有些尴尬，隐隐约约记得某些事情，这没有什么令人惊讶的。这种情况不会发生在那些善于记住别人面貌的人身上，但是我们大多数人遇见的通常情形，是大家都在抱怨自己的记忆力（几乎所有人都这样）。我们不是天生就善于记住别人的面貌，也不是天生能将π的小数点后面的数深刻地印在脑叶上。（那些脑叶……所以……是时候重新激活它们了？）可能在不知不觉中，就能和那些几乎是陌生的人准确地打招呼，你对他们如同是你的兄弟姐妹般敏感，以夸张讽刺的艺术手法。

1990年，英国研究人员突出强调了“面包师悖论”（baker-

baker paradox)。他们要求两个小组的人来看照片上的一张脸。其中一组被告知，这名男子叫贝克（英语是 baker），另一组被告知他是面包师。结果：第二组成员自然而然地看到一个穿围裙的男人，全身面粉，手在和面缸中。一般来说，我们更能记住我们可以看到的；对于面孔也是如此……

俗话说，第一印象总是正确的。我不知道它是否有什么心理价值，但我能确定一件事：这种还很天真的感觉能够让你记得某人。这个人有一个大鼻子吗？大大的蓝眼睛？高颧骨？一个倔强的下巴？身材修长或者矮胖？一个嘶哑或者细微的声音？当你想到一个你认识的人并且试图描述他时，你脑海里想到他的什么？可能有一些这类细节："绿色眼镜""总是穿正装""笑起来很灿烂""易怒""在这个企业有这样一个职位""萨米的朋友"等。

这个方法运用到记人的时候，这个观点可能让人困惑：减少几个特征，难道不是我们无论如何要试图避免的吗？当然。但是就像我们一直运用的记忆术一样，它仅涉及重新激活那些因素，与我们的祖父母系在门把手上的围巾一样，要记得在离开家门前拿这个文件。当然，事实之间的关联完全可以避免这种情况，就像一个人的姓和名一样…… 另一方面，我们也是这样做的。我们自然地将独有的特征和别人联系在一起，它们同样也是记忆的印记。但糟糕的是，如果这种认知是那天你们碰见的路上，她穿着红大衣，再后来只穿黑上衣。现在，直到你的关联用许许多多其他细节丰富起来，你就不再需要通过一条记忆的路来重新想起她的名字，她将永远是一个阴沉冬天里的生动影像。

那么，假设在这里你是一家时尚的迪斯科舞厅的门卫。你必须知道让谁进来或不让谁进来：常客和麻烦制造者。为此，你必须有一幅闹事者相貌的夸张的素描。剩下的一切就是应用SAC方法对他的姓、名或者两者都进行联系。准备好了吗？

我自愿成为你的第一个试验品。你知道，我的名字是塞巴斯蒂安。这个名字使你想起了什么？这个名字是相对常见的：你可能认识另一个人也叫塞巴斯蒂安。如果不是的话，你毫无疑问已经看过了《灵犬雪莉》（*Bell et Sébastien*），该剧讲述了一个小男孩和他的狗，一条比利牛斯山大白熊犬之间的故事。假设你看到一条狗，你可能不知道我的脸长啥样，但在读过这本书之后，我的最简要的特征可能是这个词“记忆”，或者是封面上画的记忆超人。结合这两者：一个记忆超人厌倦了他的成就，坐在沙发上休息，抚摸着一条大白狗。那些已经见过我的人都知道，我头的右边垂着一绺头发。

随着时间的流逝，你会知道塞巴斯蒂安生活在海边并且喜欢攀岩。他有着迷人的笑容，高傲的姿态，调皮的眼睛，他让人感觉很棒，他总是无所不知并有个好脾气。这是我！怎么样，不可能？你认为我是王婆卖瓜吗？

逐渐地，所有这些优点综合在一起将形成一个蜘蛛网，如同用不同的想象建立联系形成的枝丫一样。我将从一个疲惫的超级英雄变成一个可以通过各种途径易接近的人，希望有更多的恭维。我们的关系能够超过最初建立起的联系。这将很快成为一个真正的网络。

该方法适用于所有人。我刚给你介绍的苏菲（Sophie），她有卷曲的瀑布般的头发：你可以将一个桶或是一名智者（sophia，在希腊语中是智慧的意思）和你知道的森林中岩石上奔流而下的瀑布联系在一起。假想一个桶在下游接水。或者苏格拉底划着筏子漂流下来（人们通常不允许出现的画面）。

关于我介绍的克里斯廷（Christian）的一个小场景，有一段时间，他将成为十字架上的耶稣基督，试图向你俯身，低声告诉你他的名字……因永远不会再有记忆的空白而不安。

雄辩的艺术

“掌握列表固然很好，但我感兴趣的是意义。”我理解。超级记忆有些东西装在你的口袋里：得益于直到现在我们看到的方法，没有什么能够阻止我们记住文章结构。毕竟这些内容都是有逻辑性的，将其逐条列出，构成一个简明的列表。可以像任何其他列表一样被记住。

这不仅适用于恢复它们，还适用于简单地理解。无论是演讲还是课程，无论是学生、老师或仅仅是读者，这些策略实际上都是非常令人惊讶的。

在我给学生培训的实践中，每天我都看到这一点。两个年轻的毕业生，因高中毕业会考的经济课考试感到很紧张，近乎崩溃。得益于二十多个综合材料、组织信息之后，他们使用场所方法都记住了。到了那天，他们只用了五分钟整理所有内容来回答考试的题目。他们笑着告诉我，每当监考老师经过他们的桌边，他们担心被指控作弊：他们的眼前有相当于所学的全部课程。

你还记得，记忆术被古代演说家们经常使用，但它随着印刷术的发明而被废弃。让我们回忆一篇具有里程碑意义的文献：1981 年 9 月 17 日罗伯特·巴丹泰（Robert Badinter）在议会发表的废除死刑的演说。我们并不需要完整地读它，而是选取最重要的论据：

纵观法兰西前进的步伐。

法兰西是伟大的，不仅是因为她强大的实力，还有超越其实力的思想、事业和宽容的光辉，使它在历史上的特殊时刻立于不败之地。

法兰西是伟大的，因为她是欧洲第一个废除酷刑的国家，尽管在那个年代小心谨慎的人们惊呼：没有酷刑，法国司法将解除武装！没有酷刑，良民会受制于不法之徒！

法国是世界上最早废除奴隶制的国家之一，这一罪恶制度，至今仍让人类蒙受耻辱。

如今，纵然历经努力，法国仍将位居西欧最后废除死刑的国家之列，或几乎是最后一个（我压低声音说此话）。而历史上法国在西欧常常起支柱和中心的作用。

为什么会出现这样的滞后？这是摆在我们面前的第一个问题。

这不是我们民族的精神本质。人道意识中传播最远、共鸣最响的最强音正是从法国，从这个半圆形大厅响起，支持废除死刑事业最雄辩的声音正是从这里响起。伏尔尼先生非常正确地提到了雨果，在支持废除死刑的作家中我再加上加缪。在这里，我还要提到甘必大、克莱蒙梭，尤其是伟大的让·饶勒斯。他们都为废除死刑而发出呼声，都曾支持废除死刑的事业。那么我们为什么还沉默那么久，为什么我们没有废除死刑呢？

我也不认为这是民族个性使然。与其他国家的人民相比，法国人当然不会更喜欢镇压，缺少人道。这是我的经历告诉我的。法国的法官和陪审人员和其他国家的人一样懂得宽容。因此，答案不在于此，要从其他方面寻找。

我认为，这里面有一个政治秩序的原因。

让我们将这几个论点组成一个强有力的想法。在使用记忆术之前，必须理解和概括章的结构。仔细看一下前几行，首先提出了哪些内容？

1．法兰西是伟大的（**grande**）

a．强大的实力（**Puissance**）。

b．光辉（**éclat**）：

思想（**idées**）；

事业（**causes**）；

宽容（**générosité**）。

c．是第一个（**Première**）在欧洲废除酷刑（**torture**）的国家。

d．是世界上最早废除奴隶制（**esclavage**）的国家之一。

e．是西欧最后（**derniers**）废除死刑的国家之一。

2．为什么滞后（**retard**）？

a．这不是民族的精神本质（**du génie national**）的原因。支持废除死刑的人：

雨果（**Hugo**）

加缪（**Camus**）

甘必大（**Gambetta**）

克莱蒙梭（**Clemenceau**）

饶勒斯（**Jaurès**）

b. 这也不是民族个性（**tempérament**）的原因。

3. 政治（**politique**）秩序的解释。

记住这类任务的传统方法是场所方法。这正是前人所使用的。但我们同样可以创造一个故事。下面看看我们是怎样做的。

我们先来关心文章的主要结构。我们想象一个有法国色彩的巨人（“法国是强大的”），一列迟到的火车（“为什么滞后?”）和国民议会（“政治解释”）。因此，我们很容易得到一个乘坐火车的巨人去议会的故事。现在让我们再详细介绍一下。

我们的巨人长得什么模样?他肯定是肌肉发达的（联想到强大的思想）。在他的绚丽（联想到光辉）的T恤上画了一个灯泡（思想）。灯泡碎了（se casse）（这个词的发音可以联想到causes，即事业）并且掉出几沓钞票（联想到宽容）。此外，我们的巨人好心地抱着一个虚弱的反抗运动成员（联想到酷刑）和一个奴隶（联想到奴隶制）。一名抓着断头台（联想到死刑）的刽子手，被他的腿勾住。钻进火车，他坐在了工兵车厢。珂赛特（Cosette，《悲惨世界》中的人物）（联想到雨果）在玩小卡车时，吃了一个小柑橘

（clémentine，这个词的发音联想到 Clemenceau，即克莱蒙梭）和明虾酱（gambas，这个词的发音联想到 Gambetta，即甘必大）；当他看着这丰盛的饭菜流口水的时候，一个大胡子的人被一个小精灵击中倒下（联想到让·饶勒斯在 1914 年 7 月 31 日被拉乌尔·维兰暗杀）。

“嘟嘟嘟”，检验员皱着眉头有力地吹着口哨，双手放在髋部（多么有个性！）。我们现在来到议会。

和以往一样，我所选择的故事只是一个例子。另外，它也是按字面意思来的。对于一个知道原文的人来说，用这些主要的论点可以找回后续的内容。

我们将在下一章中强调这一点：记忆只有在理解的基础上才有意义。但是，一旦用相似的话组织起来了，恢复它就非常简单。

学习一篇文章

你在一个孤岛上，独自与你所爱的女人或男人在一起。这个梦幻场景很快就会变成一场噩梦。由于基本的物质原因（椰果不能提供正常饮食的所有营养，而且你也没有学过捕鱼），成为另一个地狱。如果我们厌倦了浆果的味道，那么，我们同样会因为那些围绕生存问题的对话而精疲力尽。

幸运的是，你熟知经典，其中一个会拯救你，它是文学中最伟大的爱情宣言之一，也是最著名的之一。我们将在阿尔弗雷德·德·缪塞（1834）的《勿以爱情为戏》第二场第五幕中找到，即佩尔迪冈表白他对卡米耶的爱。

> 所有的男人都是骗子，他们善变，不切实际，谎话连篇，虚伪，自负而懦弱，卑鄙而好色；所有的女人都背信弃义，她们奸诈，虚荣，八卦生事且道德败坏；世界只是一个无底的下水道，淤泥山上扭动滚爬着最丑陋的海豹；但是，这世界上有一件神圣而崇高的事情，那就是两个如此不完美如此丑陋的生命的结合。我们经常在爱情中被欺骗、遭受伤害和不幸；但是，我们爱着，并且当行将就木时，回首过往，对自己说："我经常遭受伤痛，犯过错误，但是我爱过。这是经历丰富的我，而不是被傲慢和无聊虚构

的我。”

在未来艰难的日子里，是什么能给予你一点勇气？

全力以赴地逐字练习是最困难的：每个术语、每个逗号都是可能的错误的根源。但是，在某种程度上，事实上，文学作品让这个过程变得简单。为什么我们力求用心去学习诗歌？为了它的美；为了在这世界上每逢遇到烦恼时，给自己以鼓舞；为了自己不会孤独。这种美恰恰是来自语言的令人回味的特点。一首诗本身反映的，就是我们的五种感官。因此，这里的关键是对文章表现出特别的认真，让它渗透到我们的想象力中，直到作者的语言成为我们自己的。

记忆的策略能够让你快速地记住文章的60%～80%。为了完全掌握它，提供给你两种方法：创建图像，直到整个文章中设置好标志为止。这有点像一个天然气工厂，这种方法只适用于某些人。或者反复诵读文章，感受，直到精通。

过了一段时间后，你会忘记你创造的故事，只记得这首诗。

让我们恢复爱的宣言。我建议你首先通过荒谬的图像做一个经典的迂回，以扭曲缪塞的话为代价。

我们将混合运用 SAC 和 SEL 方法来记住这篇文章。要做到这一点，我们将通过分解词组并将其转化为图像来创建一种字谜。一开始我会向你建议一些想法，但让你自己制作草图。

所有的男人都是骗子

（鼻子变长？）

善变

（芦苇？）

不切实际

（谎言？）

谎话连篇

（连环画的气泡？）

虚伪

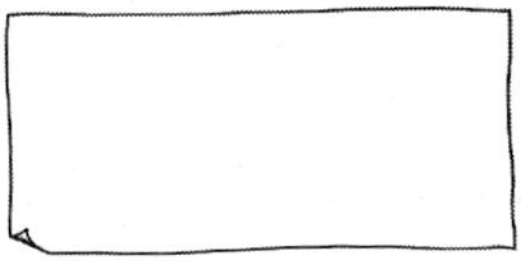

(大胖脸?)

自负而懦弱

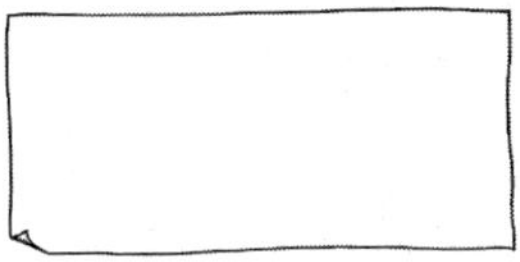

(国王松开王冠)

卑鄙而好色

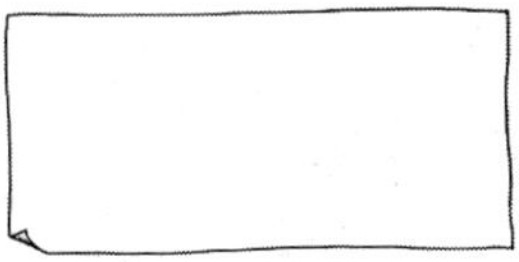

(你自己联想吧)

匹诺曹的鼻子变成了芦苇。他得到了自主权并开始不停地说话，使大家都很疲劳——他胡扯吹牛。装有他的话的气泡（像连环画里一样）在大胖脸上爆炸，大胖脸很恼火，向国王抱怨。国王被抬起，一边摆弄着他的王冠，一边露出轻蔑的神情，将他的王冠扔在沙发上，沙发上一个表情凶狠的男人让别人给他揉着肩膀。

说到女人，也没有比男人好哪里去。

所有的女人都背信弃义

奸诈

虚荣

八卦生事且道德败坏

那个给躺在沙发上的男人揉肩膀的女人，她有一条蛇舌，利用这条蛇舌，她点燃了烟花（用一根火柴!），烟花在空中画出了一个头骨。这个头骨活了，它走向一扇门，从窥视孔中看见了一幅狂欢的景象。

闭上眼睛，回顾故事。

完成了吗？没有！重建你脑海中的图像，并回忆文章。

你有篡改文学故事的这种感觉吗？在这种情况下，对于下面的节选部分，你回到传统的更正统的方法。通过夸大佩尔迪冈的话，直接从文章中得到启发。这不容易，这段话相当深奥。为了简单化，我指出那些我认为可以用来作为支撑记忆的词汇。

世界只是一个无底的下水道（**égout**），淤泥山（**montagnes de fange**）上扭动滚爬着最丑陋的海豹（**phoque**）；但是，这世界上有一件神圣而崇高的事情，那就是两个如此不完美（**imparfaits**）如此丑陋的（**affreux**）生命的结合（**union**）。我们经常在爱情中被欺骗（**trompé**）、遭受伤害（**blessé**）和不幸（**malheureux**）；但是，我们爱着，并且当死亡临近（**tombe**）时，回首过往，对自己说：“我经常遭受伤痛（**souffert**），犯过错误（**trompé**），但是我爱过（**aimé**）。这是经历丰富（**vécu**）的我，而不是被傲慢（**orgueil**）和无聊（**ennui**）虚构（**factice**）的我。”

正是通过记忆这些，我们成为记忆大师。创造性支配你控制记忆的过程，你从中获得乐趣。混合运用串联、记忆宫殿、SEL和SAC方法，发明你自己的工具。想象无限，记忆无限。

UNE MÉMOIRE INFAILLIBLE

第六章

摆脱遗忘

想象一下，我要你尽可能地跑到最快。你喘不过气来，你的肌肉痉挛，达到极限，抽筋了。如果我告诉你你只用了10%的肌肉，你会嘲笑我，这是有道理的。但是，如果你定期训练，不久你会跑得更快，你呼吸不费力，你感到更舒服。这同样适用于我们的大脑：我们使用了100%的脑区，但是我们越是激发它们，我们头脑的工作能力越强，我们会觉得更容易。

一旦我们记住了那些想要记的信息，还要不让这些信息溜走。正如我们将要看到的，重新激活已获得的知识的速度是一个重要问题。可能是想起一个电话号码，一节生物课，一个城市的名字或一幅画的名字，也可能是回忆整体结构或具体内容。留住记忆在于激活它，但要恰到好处。

下面是常犯的三种错误。

僵化的学习方法

我培训的很多学生经常扎堆学习：他们星期一全力以赴学习数学；星期二学习物理；星期三学习历史，等等。因此，直到下周才复习他们的课。这是一个严重的错误！如果说有关遗忘类型的解释相当少，且我们仍有很多未知有待发现，但我们注意到，理想状态是，在第一次学习后，应在一个小时后激活新知识，依据等级顺序，这个频率接着是，一天后，一周后，六个月后。记住越新近信息的精神主旨，越是需要毅力来坚持。

你觉得这太漫长？相反，实际上这个原理按时间来讲是最小的投资。这是一个很简单的安排问题：不是在同一个主题上花费几个小时，关键是分期巩固。为了你很好地理解，我们从第二个成见打开突破口，那就是重温我们学到的。

重读

至少有四种复习（或巩固）的方法。

最有效的技术方法叫作“自由”。这是指没有任何限制地恢复我们所学到的。现在请你饶有乐趣地复习诺贝尔文学奖得主或每个大洲的最高峰。

第二种方法要借助于标记。这需要用良好的方法提出问题。例如，当重拾你的主系统字母表时，我可能会问你：“字母‘d’和字母‘t’的共同点是什么?”宾戈：竖直垂线。这样，相应地，你记起了你忘记的数字 1。

第三种方法叫作“识别”。这是要答出 QCM，换句话说是在几个建议中选出那个最佳答案。

第四种方法，是简单的重读，这种方法效率很低。

这些方法在任何情况下都可以单独使用。没什么能阻止在同一个激活过程中借助这四种方法。我经常建议那些养成重读课程资料习惯的实习生，在此之前，花五分钟时间回忆他们所记住的那些内容。这样具有双重意义：既能使那些能够记起的知识完全扎根，又能集中注意力应对忘记的内容。

如果我们能够完成自由回忆的练习，我们当然可以没有任何困难地按标记回想知识，而用识别方法回答 QCM 则更不成问题。反之，则不成立。这就是为什么我们经常无法想起前一天阅读的内容。知识就躲藏在我们大脑的某个地方，而我们不知道通向那里的路，或者说是恢复标记。

闪存卡——一个特别的工具

在我用来巩固所记住的知识的工具中，在闪存卡上描述来回顾词汇、定义，或更通常是一段谈话中最有分量的思想，非常实用。在一张小小的硬纸卡（或便利贴）上，用问答比赛的方式一边写上问题，另一边写上答案。

纸张尺寸同样也很重要，以方便为原则。另外，我为你准备了一组和本书中例子相对应的卡片。你在访问我的网站（www.

sebastien-martinez.com/bonus-du-livre）时，可以下载这些卡片，帮你复习你在本书中学到的。

必要时休息一下

在我作为培训师的工作环境中，接触到的学生都对我规划的休息的次数感到惊奇。他们在家里通常是，学习一两个小时，然后休息二十几分钟。不管怎样，他们就是这样准备的……因为他们经常在延长5分钟，再延长5分钟后……再也无法回到那种状态（“这时候，再学习将没有意义！”）。而如果他们重新回到桌子前，飞来一只最小的苍蝇都能使他们分心。

这种消沉状态很好解释。让我们来看看和我们注意力接近的曲线。我们来到第一个“兴奋”阶段，而后进入一种“恩典”状态，在这种状态下，我们专心致志。20～25分钟后，专注力下降，因人而异。那时，一切都崩溃了：时间开始让人觉得漫长……非常漫长。通常正是这个时候我们决定出去走走。

这是一种常见的错误。为了更有效率，相反，应该在专注力没有开始下降前，在专注的高峰停下来。为什么在最佳时刻停下来，就像一位电影明星刚拍了她职业生涯中引人注目的电影那样？

当你在曲线顶峰时休息，你就更有能量重新回到工作状态，而大大限制了注意力的下降。你会联想到用10%的注意力工作一个小时回来全神贯注工作10分钟。另外，这个节奏还能保持那种未受损害的热情。请你想象你和一位朋友在草原上散步（在本书的这个阶段，你几乎不会遇到这样的剧情！），突然，出现了一头狮子，向你的朋友张开大口。你没有武器，撒腿就逃。如果，过一会儿，你看到远处有另一头狮子，尽管这次你有武器，你会怎样做？同样，因为非常危险，你此后还会尽可能地远离那头狮子（情理之中）。

同理，在你觉得最糟糕的时候停止工作，你还处于一种消极状态。那时候，对于不再工作的所有借口都是正确的。如果相反，你在最兴奋的状态下停下来，你会觉得不甘心，因而休息的时间更短暂。

为了说明这一规则，我运用一种叫作番茄工作法（Pomodoro）的方法，这是由弗朗西斯科·西里洛（Francesco Cirillo）在1980年提出的。这种方法是在休息5分钟，喝点咖啡，活动一下后，关掉所有干扰源（智能手机、电脑等等），计时工作25分钟。这样四个周期后（25 分钟工作，然后缓解 5 分钟），你可以休息一刻钟。当然，这种周期可以根据个人情况进行模仿。

学习习惯的养成

动机，理解，记忆，巩固，这是学习的四大阶段。我在此主要讲记忆，但记忆没有这一周期的其他部分将无法实现。这是与教育相关的重要问题之一。为何这些技术在学校环境中没有讲授？在恰当的时刻，获得良好的认识工具，学生们会赢得宝贵的时间，从而专注于最重要的东西：理解。

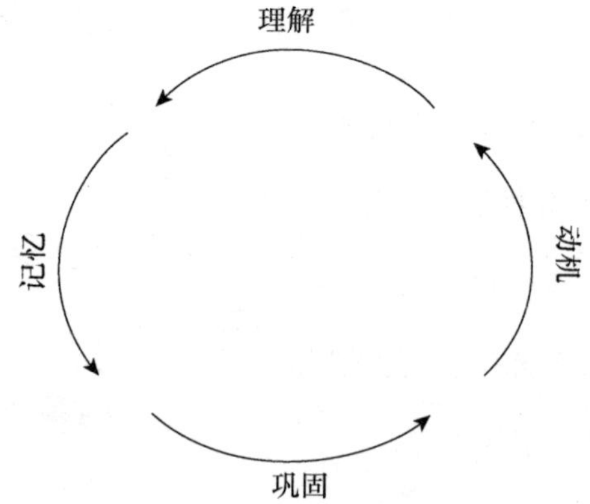

你可能会提出的一些问题

毫无疑问，你会有无数的问题。下面是一些我被经常问到的问题的回答。如果你没有在这里找到你的问题的答案，请你访问我的网站（sebastien-martinez. com）或直接用这个邮箱地址和我联系：livre@sebastien-martinez. com。

我会把所有的故事都弄混了

这是一个最常见的反馈意见。实际上，如果你对学习记忆术很有热情，并且最初你每天编上百个故事，很可能你无法把它们相互区分开来。你无疑会弄不清楚。相反，你如果在提高速度前，每天用 10 分钟复习，循序渐进，情况就不会这样了。

别忘了，想象无限。正是这一点促使你在这里。另外，你编撰的荒诞故事将随着时间的推移而渐渐模糊。你不再需要激活标记就已经记住了那些信息。

如何记住阅读的内容?

这取决于你要读的书是哪一类。

要记住像大学各专业的论文或专业技术类文章，首先要理解并撰写出有效的、扼要的概述。然后，你可以应用第五章最后给你呈现的方法。为什么不用你手中的书上的列表的方法练习呢？

至于小说类作品，则无需这样的中间阶段。通常是，这些作品是你渴望阅读的，并且你沉浸在它们的世界里。请你为书中的人物赋予生命。增强联觉。你越是将自己代入阅读的内容中，你为信息打上的标记就越多。我建议你用司汤达在《红与黑》中对于连·索雷尔的描写小试一下。

> 他的两颊红红的，低头看着地。小伙子有十八九岁，外表相当文弱。五官不算端正，却很清秀；鼻子挺尖，两只眼睛又大又黑，沉静的时候，显得好学深思，热情似火，此刻却是一副怨愤幽深的表情。

明天，请你试着描述于连·索雷尔。如果你已经调动五种感官专注于这一描写，你会给出你想象中的独一无二的形象。

如果你的阅读带有实用的色彩，请你记得时不时地暂停一下，并且在脑海中将你刚刚读到的内容“重演”。

你认为这种方法太容易？你同样可以在开始阅读之前，列出章节数目来构建合适的记忆宫殿。在每章最后，在头脑意识中安放一个能让你想起文章关键时刻的标记。

在任何情况下，都没有什么奥秘：为了永远记住书中的线索，你要定期激活你的记忆（见本章开头）。

吃鱼对记忆力有帮助

食物对我们的记忆力有帮助，这是不可否认的。但它不能成为最重要的影响因素。就拿一个高水平运动员来说，和遵从营养师的安排，注重饮食相比，更重要的是定期训练，改善他的体能条件，技术、物质和精神状态。对于记忆力而言，是同样的道理。在选择一种特别的饮食安排之前，我向你发出挑战，邀请你参加训练（见本章结尾）。

如何走出垃圾桶?

当你已经穿上睡衣或到办公室时，啊，垃圾的棘手问题总是在错误的时间出现…… 下次再出现这种情况时，尽量想象你想记得这样做的时刻。你会在哪里？家，刚打开门？在这种情况下，请你描述这扇门，并放上可以让你想到的附近的标记。想象一下，例如，手柄黏黏的，你发现，很恐怖，上面全是口香糖……

下一次你经过门槛，你应该直接去有垃圾桶的地方。

推理能力和记忆力无关

的确。但它们有密切的联系。实际上，论证依赖于逻辑关系，而只有应用知识才能使之具体化。如果你知道雪铁龙 2CV 是一辆车，那么你就会知道雪铁龙 2CV 有刹车装置。这是下列著名的三段论的又一应用："凡人都是要死的，苏格拉底是人，因此苏格拉底是要死的。"你的知识越重要，你的类推法就越合乎情理，而你就越能够分析理解你周围的世界。

人越老，记忆力越不好

我要说年龄对记忆力没有任何影响那是谎言。但年龄没有我们认为的那么重要——当然，除非那种病理情况给认知能力带来损害。那么为什么那些上了年纪的人总是抱怨记忆力减退呢？我确信主要因素不是年龄。还是那个蛛网的比方。我们学的越多，网越大，就越容易用新的信息建立联系。不过，我们不是只有一个蛛网，而是有无数个蛛网，每个都是专门的网（体育，职业活动，家庭，等等）。当我们投身一个新的领域，我们就重新开始一个小网。这是一个困难的练习，无论多大年龄。在 20 岁时，我们觉得不太难，虽然我们几乎处处是初学者是一个简单的事实。60 岁时，我们掌握了很多方面的能力，而从零开始我们却似乎无法克服……这种先入为主的感觉，在我看来，是错觉！

如果我们有数学头脑，可能有最好的记忆吗？

记忆在于建立联系。这些记忆可以是现实的（例如历史的）、逻辑的或完全怪诞的。如果是擅长数学逻辑的头脑，更能掌握三段论，有创造性的心灵会仅就对其谈及的内容创造出无数个叙述性的联系……最好的方法是运用由我们的大脑提供的许许多多的可能性。

这些方法完全是荒唐的，背离我们要记的问题是愚蠢的！

这可能是最常见的我不情愿解释的。其实如果专注于这本书上的记忆术，可以看出，它们没有脱离理解过程的意思。换句话说，它们是重新激活你已经拥有的记忆。它们告诉你正确的道路，也就是说最难忘的。将 Clemenceau（克莱蒙梭）想象成为 clémentine（小柑橘），我并没有真的认为克莱蒙梭像小柑橘！简单来说，水果让我能够在给定的背景中想起名字。如果我热衷于历史而讨厌水果，我完全可以为了记住“clémentine”（小柑橘）这个词，而联想到 Clemenceau（克莱蒙梭）……简言之，这是一个有无穷变化的游戏。

很快，虚构的联系将消失，而你将很容易知道罗伯特·巴丹泰废除死刑演说中引用的 Clemenceau（克莱蒙梭）是法国的伟大人物之一。

这太复杂了，我们是在浪费时间而不是节省时间！

这没错，如果你只是希望 5 分钟以后记住 5 个项目：面粉，鸡蛋，黄油，糖，苹果（而且，你只记住这些你做蛋糕用的方法上的成分！）。关键是只要稍长一点时间，这些记忆术就能节省时间。如果你是初学者，那么确实要有最初的投入，但它能够大大缩短重新激活的时间。你只要接受一点培训，就会有收获。

如果在本书中做了一些小练习，那你就会知道通过调动五种感官记住的东西留在脑海里的时间要长得多。和徒劳地重复，每次信息都会在我们的脑海里滑脱，从未真正吃透相比，创建小故事或记忆宫殿更快更有效。

我们真的只用了大脑的10%吗？

每次我都会被问到这个问题。这是假定我们大脑的某些部分没有积极运转。现在我们知道了，因为有了像IRM这样的图像技术，我们大脑的所有区域都被使用了。

想象一下，我要你尽可能地跑到最快。你喘不过气来，你的肌肉痉挛，达到极限，抽筋了。如果我告诉你你只用了10%的肌肉，你会嘲笑我，这是有道理的。但是，如果你定期训练，不久你会跑得更快，你呼吸不费力，你感到更舒服。这同样适用于我们的大脑：我们使用了100%的脑区，但是我们越是激发它们，我们头脑的工作能力越强，我们会觉得更容易。

一些挑战

你有没有见过春天的森林？浅绿色的嫩芽，红色的花朵，在阳光下开辟出一条路。空气中树木散发着湿润的气味，鸟儿唱出美妙的歌声……感觉爆棚。想象你的记忆如同苏醒的森林。为了帮助它伸展，占据它周围的空间，它需要你照顾好它。给它一点点关注；它会知道如何给你一百倍的回报。

迄今为止，“保持认知”是保护自身免受神经退化性疾病侵害的仅有的途径之一。因此，我们看到，就平均水平而言，双语人士要比只讲一种语言的人神经方面衰老得晚些。你可以终身培育这种“保持认知”。反过来，你还记得我们长时间以来想要的吗，我们都能在任何年龄建立新的神经连接，甚至新的神经元……下面是一个你很容易就接受挑战的列表（远没有穷尽）：

- 记住下面的列表；
- 参加记忆锦标赛（即使初学者也有资格）；

- 记住圆周率小数点后 1 000 位数；
- 用你不熟悉的语言学习上千个词；
- 记住 110 个历史日期（我的学生用不到一周的时间就能够记住）；
- 记住世界上所有的国家和首都，在地图上能找到它们的位置；
- 学习元素周期表；
- 记住人体所有的肌肉和骨骼；
- 用一百种不同的语言学习说“我爱你”。

UNE MÉMOIRE INFAILLIBLE

结　论

专注的艺术

记忆，是创建新的联系；没有人一出生就能成为记忆大师，这是训练的结果。这里没有秘密，也没有天才——或者说，我们都是潜在的天才。

我们在神话般的记忆世界的旅程已经结束了。而对你来说，这只是个开始。

我们已经看到了很多方法和例子，容易的或困难的。只要你记得以下两点，你的目的就会达到：记忆，是创建新的联系；没有人一出生就能成为记忆大师，这是训练的结果。这里没有秘密，也没有天才——或者说，我们都是潜在的天才。

为了成为法国的记忆冠军，我可以作证，只要熟知好的方法和训练就足够了。在一个时期既简单又复杂地促进“多个任务”(同时做几件事）和超多联系。轻微振动的手机、短信铃声都能打断你的专注时刻，更不用说记忆力最大的敌人，使我们想起事情的我们手上的机器……谁还能保持在互联网上搜索问题的答案之前，自已思考的这种反应？

记忆的艺术是一种专注的艺术。正是基于这一点，我迫切要把它教给你们。

拿一张白纸用你的眼睛盯着它，你会如何反应？你可能会想到一千件事情。现在在上面放一个黑点。它就吸引了你的注意，我们的注意力需要一个向导。屏幕是一个注意力的吸尘器。为了对抗它们，我们也需要一个有吸引力的向导。记忆术就是其中的一个。让我们把注意力放在越来越精确的目标上，它有助于我们在其他无数的情况下发展演变。它使我们能够集中精力，因而内心宁静。它有助于我们不分散精力，重获自主权。所以我们对自己的能力更有信心。

拥有良好记忆力本身并不是目的。这只是更加从容生活的一种手段。记忆的艺术，就像催眠、瑜伽或放松疗法，有助于现在重新回到重点。它邀请我们得到那些我们自己追求却徒劳、得不到的东西。

附　录

文献

Jesper Gaarskjaer et Troels Donnerborg，*L'Homme qui se souvient de tout*，préface de Sébastien Martinez，Premier Parallèle，2015.

Cicéron，*Rhétorique à Hérennius*. Le plus ancien livre connu faisant mention des stratégies de mémorisation. 提到记忆策略最古老的书籍。

Alain Lieury，*Le Livre de la mémoire*，Dunod，2013. Une chronologie des différentes découvertes portant sur la mémoire，de l'Antiquité aux neurosciences. 关于记忆，按时期编写的，从古代研究到神经科学的各种发现。

Frances Yates，*L'Art de la mémoire*，trad. de l'anglais par Daniel Arasse，Gallimard，Bibliothèque des Histoires，1987 (Première édition 1975).

Jacques Roubaud, Maurice Bernard, *Quel avenir pour la mémoire*?, Gallimard, coll. «Découvertes», 1997. Jacques Roubaud, écrivain et poète, est également I'auteur de *L'Invention du fils de Leoprepes*, *Poésie et mémoire*, Circé, 1993.

网站

ankisrs. net：闪存卡的软件，我为你准备了这本书的例子。你可以直接在我的网站上检索它们。sebastien-martinez. com/bonus-du-livre/

artofmemory. com：英文网站，它可能是汇集了最多记忆运动员的网上社区。

arsmemoriaefr. com：法国记忆锦标赛的官方网站。

memrise. com：英文网站，专业的语言学习网站，由原英国记忆运动员埃德·库克创建的。

world-statistic-memory. com：世界统计记忆网。

比赛

arsmemoriaefr. com：法国记忆锦标赛的官方网站。

www. world-memory-statistics. com：世界锦标赛的官方网站。在这里你能找到所有的比赛和记录。

www. memocamp. com：运动员比赛前训练用的德国网站。完整版本是付费的。

www. extremememorytournament. com：这是 2014 年美国新的竞赛形式。它是基于一分钟的短期测试系统和对抗系统的比赛。

集体游戏

Dixit：游戏由让-路易斯·鲁比拉（Jean-Louis Roubira）于 2008 年创建，玛丽·卡多特（Marie Cardouat）使之闻名（Libellud 出品）。

Booster sa mémoire：我开发的纸牌游戏。对于那些想要掌握主系统（数字矩阵和图像）的人来说非常实用。在我的网站：sebastien-martinez. com 可以找到。

Timeline：由弗雷德里克·亨利（Frédéric Henry）创立（Asmodee 出品），它是用有趣的历史日期做游戏。

Chronicards：这个游戏能用历史日期更为“严肃”地就多个主题做游戏（On the Go 出品）。

致　谢

首先，感谢本书的两位发行人 Amélie 和 Sophie，两位出色的女性！没有她们，这本书永远不会问世。感谢我的父母 Katia 和 Denis，他们每天都在支持我。感谢 Florie，我心中的女神对我的耐心。感谢 Stefy、Pierre 和 Elisa，他们的幽默给我带来的快乐。

感谢 Mikado，我最大的支持者。

感谢 M. Joël 和 Nicole，没有他们，我不会成为职业培训者。

感谢所有的教育工作者，是他们让我能够走到今天。M. Bottex，M. Garrido，Maurice……

感谢所有编辑为本书花费时间，他们是 Chloé，Frédérique，Julia，Ivan。

感谢 Françoise-Marie 的坚持不懈，还有所有的记忆运动员，Jérôme，Julie，Pierre，Bruno，Timothée，Sandrine，Melwy……他们身上体现出自律精神。

感谢 Michel 的关照，以及我忘记的所有其他人。（我也有忘记的权利！）

感谢我遇到的所有人，以及那些表现出善意、热情、卓越价值的人们。谢谢你来到这里。谢谢你分享这些新知识。

赢者思维

——欧洲最受欢迎的思维方法

【新西兰】克里·斯帕克曼　著

傅明　傅饶　译

如何调整思维，为实现目标提供巨大驱动力？

如何充分利用大脑的情感系统，激发我们内在的潜能？

如何挖掘价值观的力量，为成功助力？

本书是新西兰著名神经学家克里的力作。克里曾获得创造性思维大奖。他在脑神经系统领域潜心研究多年，总结出了一套思维训练的方法，帮助许多运动员成为世界冠军，也使许多普通人获得了斐然成就。

学会创新

——创新思维的方法和技巧

【英】罗德·贾金斯　著

肖璐然　译

本书是训练和培养创新思维的极佳读物。中央圣马丁学院著名的创造力导师罗德·贾金斯在本书中，研究了世界上许多创造力大师是如何思考的，他将他们的思考方式提炼出来，并用很多案例，来帮助读者掌握创新思维的方法和技巧。

创新并不是专属于某些人的权利，它与我们的生活息息相关，在互联网时代，创新更是赋予我们的人生无限可能。学习本书中的思维方式，抓住机会，面对更好的未来！

图书在版编目（CIP）数据

超简单的记忆魔法书/（法）塞巴斯蒂安·马丁内斯，（法）艾丽莎·温格著；肖江波译. —北京：中国人民大学出版社，2018.3

ISBN 978-7-300-25499-9

Ⅰ.①超… Ⅱ.①塞… ②艾… ③肖… Ⅲ.①记忆术-通俗读物 Ⅳ.①B842.3-49

中国版本图书馆CIP数据核字（2018）第026598号

超简单的记忆魔法书

［法］塞巴斯蒂安·马丁内斯（Sébastien Martinez）
艾丽莎·温格（Élisa Wenger） 著

［法］茜多尼·芒让（Sidonie Mangin） 图

肖江波 译

Chaojiandan De Jiyi Mofashu

出版发行	中国人民大学出版社		
社 址	北京中关村大街31号	**邮政编码**	100080
电 话	010－62511242（总编室）		010－62511770（质管部）
	010－82501766（邮购部）		010－62514148（门市部）
	010－62515195（发行公司）		010－62515275（盗版举报）
网 址	http://www.crup.com.cn		
	http://www.ttrnet.com(人大教研网)		
经 销	新华书店		
印 刷	北京昌联印刷有限公司		
规 格	148 mm×210 mm 32开本	**版 次**	2018年3月第1版
印 张	6.375 插页2	**印 次**	2018年3月第1次印刷
字 数	95 000	**定 价**	39.00元